高邑◎编著

U0182674

祝酒词

全集

中国华侨出版社

·北京·

图书在版编目（CIP）数据

祝酒词全集/高邑编著. —北京：中国华侨出版社，
2011.10（2022.9重印）
ISBN 978－7－5113－1786－5

Ⅰ.①祝…　Ⅱ.①高…　Ⅲ.①酒－文化－中国
Ⅳ.①TS971

中国版本图书馆 CIP 数据核字（2011）第 198926 号

● 祝酒词全集

编　　著/高　邑
责任编辑/高文喆
封面设计/仙　境
经　　销/新华书店
开　　本/710 毫米×1000 毫米　1/16　印张/16　字数/280 千字
印　　刷/三河市刚利印务有限公司
版　　次/2011 年 11 月第 1 版　2022 年 9 月第 3 次印刷
书　　号/ISBN 978－7－5113－1786－5
定　　价/45.00 元

中国华侨出版社　北京市朝阳区西坝河东里 77 号楼底商 5 号　邮编 100028
发行部：（010）64443051　　传真：64439708
网　址：www.oveaschin.com　E－mail：oveaschin@ sina.com

如发现印装质量问题，影响阅读，请与印刷厂联系调换。

导论

祝酒词一般是在重大庆典，以及友好往来的宴会上相关人士发表的讲话。宴会上祝酒，是招待宾客的礼仪。通常来说，主宾均要致祝酒词。主人的祝酒词主要是表示对来宾的欢迎；客人的祝酒词主要是表示对主人的感谢。在某些特殊的场合，也可在祝酒词中做出符合宴会氛围的深沉、委婉或幽默的表达。祝酒词因以酒为媒介，加之以热烈的语言，会为酒会平添许多友好的气氛。

祝酒词有两个特点：第一，祝酒词的主要特点是祝愿性。祝愿事情取得成功或祝愿美好、幸福。第二，因场合比较隆重或热闹，因此，祝酒词不宜太长，言辞要简洁而有吸引力。

从结构上看，祝酒词分为开头、主体、结尾三个部分。开头部分或表问候、欢迎，或表感谢。主体部分根据宴请的对象、宴会的性质，简略地表述主人必要的立场、想法、观点和意见，既可以追述已经获得的成绩，也可以畅叙感情发展的历史，还可以展望未来。结尾一般可以用"让我们为……干杯"或以"为了……让我们干杯"表达礼节性的祝愿。写作上的要求与欢迎词、欢送词大致相同。

祝酒词的语言艺术

妙用修辞

使用合适的修辞可使祝酒词形象生动、易于给人留下深刻印象。

第二次世界大战期间，美国总统罗斯福在德黑兰会议的一次晚宴上祝酒时说："虹有七种不同的颜色，但它们混合成一条灿烂夺目的彩虹。我们各个国家也是如此。我们有不同的习惯，不同的哲学和生活方式。我们每个国家都按照本国人民的愿望和理想来拟订我们处理各种事情的计划。德黑兰会议已经证明，我们各国的不同理想可以汇成一个和谐的整体，团结一致地为我们自身和全世界的利益采取行动。所以，当我们离开这次历史性的聚会时，我们能够在天空第一次看见希望的象征——彩虹。"用彩虹来比喻不同社会制度国家的和平共处，非常形象、贴切，罗斯福的祝酒词为宴会增添了不少温馨的气氛。

用语精辟

用语精辟可使祝酒词准确得体，增加宴会友好融洽的气氛。

妙、直、畅、真

妙语连珠烘托气氛，达到妙趣横生的效果；直点宴会主题，达到开门见山的效果；语言流畅，使人感受到祝酒人情感真挚，也能让受众很好地理解祝酒词的含义；酒宴上的祝词要发自肺腑，只有真情实意才能拉近主宾之间的距离，以真情换真情。此外，恰到好处的幽默和调侃使酒宴的欢乐气氛达到极致。

讲究文采

在一些场合中，适当地引用诗词、典故，增加语言幽默性的同时，会使讲话更有感染力。

酒宴致辞的技巧

在迎送宾客、欢庆佳节、吉庆喜事等活动的酒席上，人们常要举杯祝酒，说一些美好的话语，互相表达祝贺和希望。特别当你是酒宴的贵宾、酒宴的焦点所在时，你的一席精彩的祝酒词，能使酒宴的气氛更为欢快轻松，使入席者的感情更为融洽密切。但有时发表祝酒词的人思路不够敏捷，甚至端着酒结结巴巴说不下去，这就容易造成尴尬的场面，大家手里举着酒，又不能放下来，又不好喝下去。祝酒词一般是在饮第一杯酒之前说的，所以，祝酒词必须短小精悍，千万不能太长太啰唆。因为大家举杯，情绪高昂，要是磨磨唧唧，热乎劲儿就冷了。

必须有重点

你一旦开始祝酒，就不要离题，要有一个重点，保持一个完整的结构，逐步趋向一个明快、自信的邀请，让所有人都举起酒杯，还要把你祝愿的那个人（或那些人）的名字准确无误地说出来。你的主题可以着眼于一件事情的重要意义、伙伴们的乐事、被祝愿人的成就或品质、个人的成长或集体工作的益处等。一定要记住，无论说什么都要和那个场合相适应。例如，老友聚会，那么可以说："此时此刻，我从心里感谢诸位光临，我非常留恋过去美好的时光，因为它有着令我心醉的友情，但愿今后的岁月也一如既往，来吧，让我们举杯，愿我们的友谊天长地久。"

讲究文采

前文讲过适当地引用诗词、典故，能使讲话更有感染力。除此之外，还可以采用其他的方式来增加祝酒词的文采。比喻可以使祝酒词生动形象。例如，两校建立校际关系，其中一方致辞说："过去，我们交往只是一条小路；现在，却是一条宽敞的大道。我相信，我们的友谊和合作一定会成为一条康庄大道。"这一连串的比喻，言辞贴切，恰到好处地说出了祝酒人内心的祝愿，给大家留下了深刻的印象。

适时进行联想

在祝酒时如能就地取材进行联想，就可以产生出乎意料的好效果，达到使人愉悦、使人振奋的目的。例如，你端起席间一杯酒，在不同的情况下运用不同的语词，可以引起不同的联想。

在为老师祝贺生日的聚会上可以说："同学们，这是一杯水。看见这杯水我想起了'饮水思源'这个成语。我们之所以有现在的成功，完全是老师辛勤培养的成果啊！没有老师的教导，就没有我们的今天。这又使我想起了另一句话：'滴水之恩，涌泉相报！'我们一定要努力工作以感谢老师的教诲！同学们，让我们举起酒杯，祝老师永葆青春！"在朋友的聚会上你可以说："俗话说，如鱼得水，看见这杯酒使我想起我们的友谊。鱼儿离不开水啊，正因为有了深厚的友谊，才使我们顺利地在艰苦的生活中成长起来。现在我们又一起回到了家乡，更是如鱼得水。相信今后我们的友谊将会与日俱增。为友谊干杯，愿我们永远是朋友！"

目录

第一章 生日祝酒词

第二章　婚宴祝酒词

第三章　社交祝酒词

目录

第四章　庆典祝酒词

第五章　职场祝酒词

第六章　商务祝酒词

第七章　政务祝酒词

第八章　节日祝酒词

目录

第九章　公益活动祝酒词

第十章　其他场合祝酒词

第十一章　酒桌上的礼仪和学问

第一章　生日祝酒词

　　中国人历来对生日比较讲究，小孩子有满月酒、周岁宴，老年人有祝寿酒，一般人也会按照年龄庆祝生日。除了相互交流感情之外，生日宴会最重要的功能就是表达对寿星的祝福。在这里，要懂得区分不同的对象，选择合适的措辞，千万不可千篇一律、用词不当。比如，对于小寿星，我们要祝他健康成长、前途光明；对于老寿星，我们要祝他身体健康、延年益寿。

第一节　宝宝生日祝酒词

　　宝宝比较隆重的生日有满月宴和周岁宴。满月宴是为了庆祝婴儿的健康诞生而举行的。在满月宴上，祝辞的重点应放在对孩子的健康、快乐、成长等方面的祝福，周岁宴也同此。要根据祝辞人的不同身份采取个性化的祝辞方式，比如，作为孩子的妈妈，可以与大家一起分享一个月来的育儿经，让人感同身受，也非常具有感染力，真情实感，容易引起大家的共鸣。

　　周岁宴上有"抓周"的习俗，这个仪式不仅充满了趣味性，同时也寄托了长辈们对孩子的殷切希望。因此，祝辞人可以结合抓周仪式的特征，通过祝辞将全场的气氛推向一个高潮。比如，祝辞人可以通过观察小宝宝的一举一动，灵活地展开描述："现在，我们可爱的小宝宝已经被抱到了台上，他已经东张西望地开始寻找目标了。他到底会抓到什么呢？看，小宝贝在精挑细选之后，终于抓起了一本书，看来，我们聪明可爱的小宝贝未来将成为一名饱读诗书的学者了。让我们共同为他鼓掌，为这位文化之星鼓掌……"

母亲祝酒词

范文一

【场合】满月宴会。

【人物】宝宝及父母、亲朋好友。

【祝酒人】母亲。

亲爱的各位来宾、朋友们：

　　大家上午好！

　　今天是我们的小宝宝的满月宴，非常感谢大家前来参加。在此，我代表全家对各位的光临表示热烈的欢迎和真挚的谢意。

一个月前，小宝贝呱呱坠地。听到那一阵阵哭啼，我们的激动之情难以言表。爸爸妈妈一直盼望着他的到来，他的出生给我们全家人带来了无限的欢乐和幸福。

记得他刚出生时，只有6斤重。闭着小眼睛躺在妈妈的怀里，就像小猫咪一样。瘦瘦小小的，可爱的样子叫人看了好心疼。这一个月以来，他很努力地吃奶，乖乖地按时睡觉，慢慢得，他的小脸蛋变得圆圆鼓鼓的，脸颊还透着一丝健康的红晕。他的手臂原来是细细嫩嫩的，现在也变得浑圆浑圆的。

短短的一个月，他从一个精瘦的婴儿变成一个白白胖胖的小家伙了。小宝贝你知道吗，爸爸妈妈都很为你高兴，也很为你自豪。我们的小宝贝健康快乐地成长，就是全家人最大的心愿。

今天，在这么多爷爷奶奶、叔叔阿姨们面前，小宝贝显得格外有精神。他一会儿笑个不停，一会滴溜滴溜地转着他的大眼睛。看来，小家伙也在为大家的到来感到高兴。有这么多长辈们的祝福，我相信小宝贝一定可以快快乐乐、健健康康地成长。

宝宝，妈妈想对你说：亲爱的儿子，你是爸爸妈妈的小宝贝，是我们最疼爱的孩子。现在你已经顺顺利利地走过了生命中的第一个月了，我们希望你能够茁茁壮壮、健健康康地成长，用心走好将来的每一步。未来的道路上会有许多坎坷，但无论怎样都要积极乐观地面对。

最后，爸爸妈妈再次祝你满月快乐，希望你在今后的每一天都能像今天这样平安健康、开心快乐！也祝在场的所有人工作顺利、万事如意！干杯！

范文二
【场合】满月酒宴。
【人物】宝宝及其父母、亲朋好友。
【祝酒人】母亲。

各位来宾、各位亲友、各位朋友：

今天是我家宝宝满月的日子，承蒙各位长辈、亲朋前来道贺，在此，请让我代表我的宝宝和家人，向你们的到来表示热烈的欢迎和深深的谢意。

一个月前，伴随着一阵阵清脆响亮的啼哭声，宝宝像天使一样来到了这个世界，从那天起，我也正式成为一名母亲。

在此之前，我曾经对身为母亲的感受做过特别多的想象，我的脑海一遍又一遍地闪现母亲的身影，而母亲恬静幸福的笑容，让我感觉到作为一个母亲的那种幸福。那么现在真正身为母亲，到底有着什么样的感受？对于这个问题，我想说：成为母亲，是心灵上的一次成长，从此，你的肩上多了一份责任，心中也多了一份情感依托。怀抱着宝宝，你似乎拥有整个世界，满心的幸福感比任何时候都要强烈。

作为一名新妈妈，我至今仍手忙脚乱、措手不及。每天的喂奶、换尿片、洗澡、逗宝宝玩耍……这一切看起来烦琐而重复，似乎没有停息。我想，这是每位母亲都必须经历的，也只有经历这些，才能成为一名真正的母亲。有时候，在他睡着的时候，我常常一个人闭目遐想，想到宝宝再长大一点，等他能够在餐桌上大口吃饭，等他会搂着我的脖子说"妈妈我爱你"的时候，我将是多么的幸福。亲眼看着自己的孩子一天一天地成长，分享着他成长中点点滴滴的快乐，我想，这就是身为母亲最大的期待和心愿。

今天我的孩子满一个月了，我祝愿他健健康康、快快乐乐地成长。同时，也祝愿在座的各位家庭美满、幸福安康！让我们共同举杯，为所有的宝宝都能拥有更美好的明天，干杯！

范文三

【场合】周岁生日宴会。

【人物】小寿星及父母、亲朋好友。

【祝酒人】母亲。

尊敬的各位长辈、各位来宾，亲爱的朋友们：

大家晚上好！

今天是我儿子一周岁的生日宴会，感谢大家前来参加。在此，我谨代表全家向在座的各位表示最热烈的欢迎和最衷心的感谢！

一年前的今天，伴随着清脆而响亮的啼哭声，我的儿子降临到这个家庭，他给我们带来了许许多多的欢乐，而我们的爱和生命，从此打开了新的篇章。如今，他满一岁了。一周岁的宝宝，就像蒙蒙的春雨，带来了新生的气息；一周岁的宝宝，就像天边的一朵云彩，悠悠然飘过，带给你舒畅自然的心情；一周岁的宝宝，就像荷叶上的露珠，晶莹剔透，散发着水晶般的光芒；一周岁的宝宝，就像含苞欲放的花骨朵儿，充满希望。

初为人母，没有育儿经验的我们不免有些手忙脚乱。多亏爸爸妈妈、公公婆婆、热心的朋友以及邻居的细心帮助，我们喂养宝宝越来越驾轻就熟，宝宝也长得越来越健康。在此，我代表我们夫妻二人对各位表示衷心的感谢，谢谢你们长期以来对宝宝的关怀与照顾！

儿子，尽管你现在还在牙牙学语，还在蹒跚学步，听不懂妈妈说些什么，但妈妈仍想对你说几句知心话："宝宝，不论任何时候，任何地点，爸爸、妈妈、爷爷、奶奶、外公、外婆及所有的亲人朋友会给予你帮助与支持，在你成长的道路上，我们会一直守护你，呵护你，鼓励你克服困难战胜挫折，引导你走向美好的人生。加油，好儿子，你会是我们所有人的骄傲！"

在我儿子一周岁生日的这个时刻，相邀各位至爱亲朋欢聚一堂，菜虽不丰，却是我们的一片真情；酒纵清淡，却是我们的一份感谢。若有招待不周之处，还望各位海涵。让我们共同举杯，祝各位身体健康、家庭幸福、万事如意！谢谢！

范文四
【场合】周岁生日宴会。
【人物】小寿星及父母、来宾。
【祝酒人】母亲。

各位长辈，各位亲朋：

大家好！

今天，我们欢聚在这里，共同祝贺我的女儿××一周岁生日。首先，我代表我们全家对各位的光临表示热烈的欢迎和衷心的感谢！

××××年×月××日，我的宝贝女儿××刚满一周岁。一年前的今天，伴随着一声响亮的啼哭声，我和我的爱人怀着激动和喜悦的心情迎来了我们爱情的结晶；当我们看见宝宝的那一刻，心中充满了兴奋与激动之情。一年前的今天，我做了母亲，××做了父亲。为人父母让我们真正体会到了肩膀上的责任和重担。

宝宝的到来给我们夫妻俩带来了无尽的欢声笑语，命运让我们注定成为幸福的一家人。在此，我要对女儿说，宝宝，今天你一周岁了，像小鸟一样刚刚学会展翅；明天，你就要像雄鹰一样飞翔蓝天、鹏程万里！

宝宝的降临，为我们的生活带来了崭新的风貌。她就像一阵清风，可以瞬间吹散我们心中的阴霾。不管我们的工作多么忙，压力多么大，只要看见宝宝，所有的烦恼都顿时消散。看到宝宝那天真可爱的笑容，我们的心里比吃了蜜还要甜。

在照顾宝宝的过程，我学会了做一个称职的妈妈，也体会到了身为一名母亲所独有的快乐。宝宝在我的怀里沉睡时，就像一块安静美好的美玉。她淘气玩耍的时候，则像一个天真活泼的小精灵。宝宝成长过程中的点点滴滴都深深地刻在了我们的心中。她的每一次哭闹、每一次欢笑，都让我们难以忘怀。在她出生一年的时光里，这个初来乍到的小天使给我们的生活带来了多么大的变化。

说句真心话，宝宝的到来让我们又欢喜又担忧，欢喜的是宝宝终于来到我们身边，让我们的家庭圆满和谐；担忧的是，我们唯恐没有足够的能力，给她最好的条件。但是，我们夫妻俩会竭尽所能营造一个温馨的、充满爱意的家，让宝宝快乐地成长。

今天，为表我们对大家的感谢，我们夫妇特备下简单的酒菜，请大家共享。酒虽清淡，却是我们的一份浓情；菜虽不丰，却是我们的一番厚意。如有不周之处，还请多多包涵。

最后，让我们举杯共饮，祝大家工作顺利，合家欢乐，谢谢！

父亲祝酒词

范文一

【场合】满月宴。

【人物】宝宝及父母、来宾。

【祝酒人】宝宝父亲。

各位来宾、各位亲友、各位朋友：

今天是我的宝贝儿子××的满月宴。一个月前，这个小家伙来到了这个世界上。首先，感谢我的妻子、我的母亲、我的父亲，他们一起照顾了我们的心肝宝贝。同时，我对各位的到来表示热烈的欢迎，对各位的祝福表示衷心的感谢。

儿子，爸爸妈妈想要告诉你，等你长大后，一定要做好面对一切的准备。现在，你还可以无忧无虑地躺在我们的怀里，快快乐乐地生活，因为爸爸妈妈会给你一片安详的天空。但在你成长的过程中，你必须学会独立、学会勇敢，并对未来的生活、学习和工作做好准备，这样才能闯出一番属于自己的天地。

在过去的生命中，我们感悟着生活带给我们的一切，这让我们越来越清楚人生最重要的东西莫过于生命。为人父母，方知辛劳。在抚育××的短短的30天里，我和妻子已经尝到做父母的艰辛，也体悟到我们的父母在养育我们时是多么的不易，这真应了那句话：不养儿，不知父母苦。在这里，我要对父母说：爸妈，你们辛苦了！谢谢你们对我的养育，以及对宝宝的爱护！

在过去的日子里，在座的各位朋友曾给予我们许多慷慨真诚的帮助，让我感到无比的温暖。在此，请允许我代表我们全家向在座的各位亲朋好友表示最真心的感激！

今天以我儿子满月的名义相邀各位亲朋好友欢聚一堂，菜虽不丰，却是我们的一片真情；酒纵清淡，却是我们的一份热心。若有不周之处，还望各位海涵。

让我们祝愿这个新的生命、祝愿我们的小天使健康成长，更祝愿各位朋友的下一代，在这个祥和的社会中茁壮成长，成为国家栋梁之才！同时也顺祝大家身体健康，快乐连连，全家幸福，万事如意！干杯！

范文二

【场合】周岁宴。

【人物】小寿星及父母、亲友、嘉宾。

【祝酒人】父亲。

各位来宾、各位亲友：

大家好！

非常感谢大家在百忙之中来参加我儿子的周岁宴会，对此，我和我妻子向各位表示最热烈的欢迎和最衷心的感谢！

　　××今天刚满一周岁。在过去的一年里，我和我爱人尝到了初为人父、初为人母的幸福感和自豪感，同时也体会到了养育儿女健康成长的无比辛劳。今天，我想说的话很多，想感谢的人也很多。

　　首先，感谢含辛茹苦抚养我们长大成人的父母。为人父母，方知辛劳。很多角色是要自己亲自扮演过后才能深刻体会的，不为人父为人母，是永远无法体会父母对自己的那一份拳拳之心的。双方父母对于我们二十多年的养育之恩，以及对孩子从出生到现在无微不至的关怀，我们无以为报，虽然他们从不曾索求回报。今天借这个机会，我要向他们四位老人深情地说声："谢谢你们，祝愿你们健康长寿！"

　　其次，我要感谢我的爱人。在这段日子里，是她尽心尽力地担负着做母亲的职责，无微不至地照顾着宝宝，既担心宝宝饿着，又担心睡觉时宝宝着凉。为了让孩子健康成长，她付出了太多太多。她的温柔和坚韧，真正体现了作为一个母亲的伟大。在此，我要对她说声："老婆，辛苦了！"

　　最后，感谢我们的亲朋好友、单位的领导同事。正是有了大家的支持、关心和帮助，才让我们感到生活更加开心，工作更加顺利。我们衷心希望大家能一如既往地支持我们，帮助我们不断取得进步。

　　朋友们，让我们共同举杯，让芳香的美酒漫过酒杯，希望我的宝贝儿子××聪明可爱、健康成长，同时，祝愿大家身体健康、生活幸福、万事如意，干杯！

爷爷奶奶祝酒词

范文一
【场合】周岁生日宴会。
【人物】小寿星、亲朋好友。
【祝酒人】奶奶。

在座的各位亲戚朋友：

　　大家下午好！

　　今天是我的小孙女×××的一周岁生日。我的心情就像今天的阳光一样灿烂明媚。首先，我代表全家人向你们表示最热烈的欢迎和最衷心的感谢。

还记得去年的这个时候，小孙女刚刚出生，她是那么的瘦小，就像刚刚出生的小羊羔。这一年以来，我们全家人都用心地照料她，如今的她白白胖胖的，也更加惹人喜爱了。我这个小孙女很淘气，平时喜欢咯咯地笑，每当看到新鲜的小玩意儿，总是张着小嘴笑个不停。自从有了她，我们家总是充满了欢声笑语。而我也终于在这古稀之年体会到含饴弄孙的乐趣。

还记得小孙女还未出世的时候，我们全家人都焦急得盼望着她的降临，不管是她的爸爸妈妈、叔叔阿姨、姑姑舅舅，还是我和老伴儿。耐心等待了十个月，当她终于来到人间的时候，我们全都手忙脚乱，显得不知所措。这一年来，一家老小围着这个小宝贝团团转，忙得焦头烂额。即便如此，我们都认为再苦再累也值得。

今天，小孙女×××满一周岁。在这里，我要对我的小孙女说，孩子，是你的降生，给爷爷奶奶、爸爸妈妈及所有亲人们带来这无数的欢笑和希望，你就是上天派来的快乐天使，是我们所有人快乐的来源，是我们全家欢笑的制造者。我们希望你能快快长大，早日成长为祖国的栋梁之才！冬至一阳生，春雨春风可期待，试看抓周兆。

最后，请大家举杯，为孩子的健康成长、幸福快乐，为大家的工作顺利、合家欢乐，干杯！

外公外婆祝酒词

【场合】满月酒宴。
【人物】宝宝及其父母、亲朋好友。
【祝酒人】外公。

尊敬的各位来宾、朋友们，女士们、先生们：

大家晚上好！

今天，亲朋好友们欢聚一堂，共同庆祝我的外孙××的满月之喜。

在这短短一个月里，外孙子每一天都有新的变化、新的进步，可以说，这一个月是他成长的一个里程碑。在这里，我首先祝贺我的外孙××满月快乐，同时，我也代表小外孙和全家人，向在座各位亲朋好友百忙中前来道贺，表示热烈的欢迎和真诚的感谢。

一个月前，小宝贝呱呱坠地，他的啼哭就像最动听的乐曲，为我们全家带来了最美好的消息。他的到来，让这个家庭焕然一新，为我们的生活注入了新鲜的活力。有了这个宝贝外孙儿，我和他的外婆成日里乐得合不拢嘴，平时单调的生活，似乎一下子充满了乐趣。

在这个特别的日子里，我要特别地感谢我的女婿和亲家全家，感谢他们在我的女儿怀孕期间对她的悉心照顾，感谢他们一直以来的包容和体谅。我的女儿拥有如今这样的幸福生活，和你们全家人的用心呵护是分不开的。因此，我要代表我的爱人、我的女儿和小外孙，在这里真诚地对你们道一声谢谢。

今天，有各位亲朋好友共同见证这个特别的日子，我的内心充满了喜悦和感激。借着这个契机，我也祝愿小外孙活活泼泼、健健康康；祝愿他无忧无虑、茁壮成长。希望小外孙能够早日成长为国家的栋梁之才，为祖国的繁荣昌盛、美丽富强贡献出自己的一份力量。

最后，我也祝愿在座的各位好友亲朋家庭和和美美、幸福安康！薄酒素餐，不成敬意，希望大家吃好、喝好。谢谢大家！

父母朋友祝酒词

范文一

【场合】满月宴。

【人物】宝宝及父母、亲友、嘉宾。

【祝酒人】宝宝母亲的好朋友。

各位来宾、亲朋好友：

大家晚上好！

今天是××女士的千金满月的大喜日子，在此，我代表各位宾朋向××女士表示真挚的祝福。同时受××女士委托，代表他们全家对在座亲友的到来表示热烈的欢迎。

我们的朋友××是一位非常优秀的女士，在事业上，她步步高升，一帆风顺，前程似锦。在生活上，她婚姻美满，喜得爱女。××女士事业、生活双丰收，真让人羡慕，我们在这里衷心地祝福她！

父母的心愿只有一个，望子成龙，望女成凤。为此夙愿，××夫妇特为爱女取名××，有快乐成长、吉祥如意的深刻含义。爱是心的呼唤，爱是无私的奉献，××夫妇给予孩子全部的爱。相信在这样充满爱的环境下成长，宝宝一定会是一个有爱心的孩子，一定会像她的妈妈那样优秀。

今朝同饮满月酒，他日共贺耀祖孙。

作为××女士的朋友，看到她拥有这样一个美丽可爱的小天使，我们都为她感到由衷的高兴。而对"小天使"我们也都怀有万分疼爱的心情。在这里，请允许我代表大家对小天使说，你的满月就是我们大家快乐的节日，愿你身体健康、快乐成长！

最后，让我们共同举杯，祝福××女士的千金、我们大家的小天使健康快乐地成长。同时也祝大家全家幸福，万事如意！干杯！

范文二

【场合】周岁生日。

【人物】小寿星、亲朋好友。

【祝酒人】父亲好友。

各位来宾、朋友们，女士们、先生们：

大家下午好！

今天是我的好友××的宝贝女儿一周岁的生日。我很高兴能在这里为××小宝贝献上祝福。在此，谨让我代表在座的所有朋友，祝贺××小宝贝周岁生日快乐，祝她平平安安、快快乐乐、健健康康。同时，我也代表小宝贝和他的家人，向所有的来宾致以最热烈的欢迎和最衷心的感谢！

成为一名父亲，对于每个男性来说都是人生中的一大考验。成为一名父亲，就意味着肩上多添了一副担子，对于家庭又多了一份责任。从普通男子到父亲的转变，或许会改变一个人的人生观，以及他对幸福的定义。每一个初为人父的人，都需要重新调整自己的心态，重新审视自己的人生，回顾过去，展望未来，好好地规划未来将承担的所有责任以及将要走的道路。

××，从你近一年来的表现来看，你是尽职尽责的，我在这里恭喜你成为了一名合格的父亲。你拥有一个这么健康聪明的孩子，拥有一个这样和睦友爱的家庭，拥有一对这样关心你的父母，拥有这么多关心和爱护你的朋友和家人，我们都十分羡慕。希望小宝贝的成长，能够使你的生活更加多姿多彩。

最后，让我们共同举起手中的酒杯，为小宝贝健健康康、快快乐乐，为小宝贝无忧无虑、快快长大，也为在座各位朋友的幸福安康，干杯！

范文三
【场合】周岁生日宴会。
【人物】小寿星、亲朋好友。
【祝酒人】父母朋友。

尊敬的各位来宾，亲爱的女士们、先生们：

大家早上好！

岁月带着滚滚的车轮，驶入了又一轮的春秋冬夏。当鸟儿带来第一声啼鸣，细细的雨儿润物无声，当枝头上长出细细的嫩芽，花骨朵儿羞涩地露出笑脸，我们欣喜地发现，春天来了。伴随着美好的春天，我们同时还迎来了××小宝贝一周岁的生日，他就像破土而出的小竹笋，在春雨的滋润下健健康康地成长。在这里，我衷心地对他说一声：生日快乐，愿你的成长道路上永远充满春的气息。在此，也谨让我代表××小宝贝和他的爸爸妈妈，向在座各位来宾的光临，表示最热烈的欢迎和最诚挚的谢意！

今天，对于××小宝贝和他的全家人来说，都是个不同寻常的值得纪念的日子。这是他人生中的第一个生日，也是他健康成长的第一个里程碑。在这个特殊的日子里，我们要共同见证他的抓周仪式。这个仪式，承载了全家人对他的期待，承载了所有人对他的祝愿。就让我们共同见证，看看我们可爱的小宝贝将有一个怎样的幸福未来。

朋友们，吉时已到，现在我宣布：激动人心的抓周仪式现在开始！

我们的工作人员已经把八件物品陈列在台上，这八件物品具有不同的含义，分别代表着八种职业。我们的小宝贝抓到了哪一件物品，就预示着他将来可能从事相关行业。让我们拭目以待——

第一件物品是一个乒乓球，如果小宝贝抓到了它，那么他将来可能成为一名优秀的运动员。第二件物品是一枚印章，如果小宝贝抓到了它，那么将来可能就会成为一名政府的工作人员。第三件物品是一块积木，如果小宝贝抓到了它，那么他将来就可能会是一名建筑师或者设计师。第四件物品是一本厚厚的书，如果小宝贝抓到了它，就表示他将来会饱读诗书，可能成为一名学者，或者作家。第五件物品是一枚硬币，代表着富贵与吉祥，小宝贝如果抓到了它，那么他未来可能会成为一名成功的商人。第六件物品是一张信用卡，如果小宝贝抓到了它，那么将来很可能成为一名银行家或者金融家……

现在，我们可爱的小宝宝已经被抱到了台上，他已经东张西望地开始寻找目标了。他到底会抓到什么呢？

看，小宝贝在精挑细选之后，终于抓起了一本书，看来，我们聪明可爱的××小宝贝未来将成为一名饱读诗书的学者了。让我们共同为他鼓掌，为这位文化之星而鼓掌！

激动人心的抓周仪式结束了，带着我们满满的祝愿，小宝贝回到了妈妈的怀抱。

最后，我衷心地祝福我们的小宝贝生日快乐！希望你未来的每一天都是快乐的、健康的、心情舒畅的，也希望这个幸福和睦的大家庭，在未来的日子里，日日兴旺、年年如意！

谢谢大家！

第二节　长辈生日祝酒词

　　长辈的生日就像宝宝的生日一样，也是家庭中的大事。作为晚辈，在做祝酒词的时候，要注意自己的身份，措辞要得体，表达出对长辈的尊敬和祝福之意。同时，也可以突出表达长辈对自己的关爱，或者长辈自己的美好品德。比如，对于外公的生日，作为外孙的祝辞人应该表达孝顺、听从长辈之意，还有希望长辈延年益寿的意思："在此，我作为代表向外公、外婆表示：我们一定要牢记你们的教导，承继你们的精神，团结和睦，积极进取，在学业、事业上都取得丰收！同时一定要孝敬你们安度晚年，百年到老。让我们共同举杯，祝二老福如东海，寿比南山，身体健康，永远快乐！"

母亲生日祝酒词

范文一
【场合】母亲生日宴会。
【人物】妈妈、亲朋好友。
【祝酒人】儿子。

各位亲朋好友、各位来宾：
　　大家晚上好！
　　今天是我亲爱的母亲40岁生日，首先，我代表我的母亲及全家对前来参加生日宴会的各位朋友表示热烈的欢迎和深深的谢意。
　　第一杯酒我想提议，请大家共同举杯，为我们这个大家庭干杯，让我们共同祝愿我们之间的亲情、友情越来越浓，绵绵不绝，一代传一代，直到永远！
　　尽管我已经长大成人，并且参加工作，可母亲事事都在为我操心，时时都在为我着想。母亲对儿女是最无私的，母爱是世界上最崇高的爱，这种爱只是给予，不求索取，母爱崇高犹如大山，深沉犹如大海，纯洁犹如美玉，无私犹如春蚕，我从母亲的身上深刻地体会到这种无私的爱。所以，这第二杯酒我敬在座的最令人尊敬和钦佩的各位母亲。常言道，母行千里儿不愁，儿走一步母担忧，千言万语永远不足以表达母爱的伟大，希望你们能理解我们做子女的心中的爱。

最后这杯酒要言归正传，回到今天的主题，再次衷心地祝愿我的母亲40岁生日快乐，愿你在未来的岁月中永远快乐、永远健康、永远幸福！干杯！

谢谢大家！

范文二

【场合】母亲生日宴会。

【人物】寿星、亲朋好友。

【祝酒人】儿子。

尊敬的各位长辈、各位亲朋好友：

大家晚上好！

春秋迭易，岁月轮回，当新春的柳树吐出嫩芽时，我们高兴地迎来了敬爱的母亲××岁的生日。今天，我们欢聚一堂，举行母亲××华诞庆典。在这里，我代表全家人对所有光临寒舍参加我们母亲寿诞的各位长辈和亲朋好友，表示热烈的欢迎和衷心的感谢！谢谢各位多年来对我们家人的关心与支持！

几十年来，母亲历尽人间沧桑，她一生中积累的最大财富是她那勤劳善良的朴素品格、宽厚待人的处世之道和严爱有加的朴实家风。父母亲为了我们和我们的后代，任劳任怨，勤勤恳恳、无私奉献。所以，在今天这个喜庆的日子里，我代表全家向劳苦功高的父母亲说声感谢：感谢二老的养育之恩！你们辛苦了！我相信，在我们兄弟姐妹的共同努力下，我们的家庭会一直和和睦睦，家人之间会一直团结友爱。我们的父母会健康长寿，老有所养，老有所乐！

在这美好的时刻，让我们全体起立，为母亲健康长寿，为亲友们今天的相聚，让我们共同举起杯中美酒，请各位开怀畅饮，一起度过这个难忘的夜晚。干杯！

父亲生日祝酒词

范文一

【场合】父亲50岁生日宴会。

【人物】寿星、亲朋好友。

【祝酒人】儿子。

各位亲朋好友、各位尊贵的来宾：

晚上好！

今天是家父50岁的寿辰，在此，我对各位的盛情光临表示最热烈的欢迎和最衷心的感谢！

树木的繁茂归功于土地的养育，儿子的成长归功于父母的辛劳。父亲博大温暖的胸怀，让我体会到什么是无私的爱，也帮助我克服了人生道路上一个又一个的障碍。在这里，请让我对我的父亲说声谢谢！

父亲的爱是含蓄的，每一次严厉的责备，每一回无声的付出，都蕴涵着一个父亲对儿子的那种特殊的关爱。它是一种崇高的爱，只是给予，不求索取。这是世界上最伟大的情感。

50岁是您生命的秋天，是枫叶一般的色彩。儿女们已经成家立业，这些都离不开父母亲多年的养育和关怀。对于我来说，最大的幸福莫过于有理解自己的父母。我得到了这种幸福，并从未失去过，所以，我是幸运的。

今天我们欢聚一堂，为您庆祝50岁的寿辰，这是您人生长征路上重要的一个里程碑，愿您在今后的事业树上结出更大的果实，愿与母亲的感情越来越温馨！

祝在场的各位万事如意，合家欢乐。

最后，请大家开怀畅饮，与我们一起分享这个难忘的夜晚。

岳母生日祝酒词

【场合】岳母生日宴会。
【人物】寿星、亲朋好友。
【祝酒人】女婿。

亲爱的各位朋友：

大家好！

接天莲叶无穷碧，映日荷花别样红。在这阳光明媚的夏日里，我们的宴会厅里高朋满座，大家共同为我的岳母××女士庆贺她的××大寿。满屋的喜气，让人感到无比的兴奋和喜悦。在今天这个美好的日子里，我敬爱的岳母大人度过了她人生的第××个春秋，让我们共同为她祝福，共同为她歌唱，共同祝愿她寿与天齐、福同海阔！同时，我也代表我的家人，向在座各位亲朋好友的到来，表示热烈的欢迎和深深的感谢！

我的岳母是一位和善慈祥的老人，她热情厚道，为人真诚，关爱儿孙，与邻里和睦相处，对家人更是照顾得无微不至。我们都把她当成最亲近、最贴心的长辈，生活中无论遇到欢乐还是烦恼，都会和她共同分享，并从她那里获得无尽的教导与慰藉。

平日里，岳母也是个心思缜密的人，她无时无刻不挂念着她的孩子们。天凉了，她惦记着孩子们是否及时添衣加被；家里头有什么好吃的好玩的，她又会打电话让大家来一同享受。更让我感动的是，她老人家居然记着我的生日。去年我生日那天，她竟然亲自下厨，准备好长寿面和鸡蛋，为我举行充满温情的生日宴会。每当回忆起这些时刻，我的心中都充溢着满满的感动。

按照岳母大人的想法，这个生日在家里简单地过过就好了，但是我认为岳母大人迎来了××岁的生日，这是一个值得大家共同庆贺的日子。后来在儿女们的共同劝说下，岳母大人才终于答应举行这次宴会。

岳母大人，能够成为您的女婿是我的幸运，在这个特殊的时刻，我想要对您说：感谢您，岳母大人！感谢您一直以来对我的关爱，感谢您一直以来对我们全家的付出，感谢您为所有后辈们所做的一切。您是天底下最好的岳母！

最后，让我们再次祝愿，祝岳母大人生日快乐，身体健康，笑口常开。祝所有的来宾万事如意，家庭幸福！

谢谢大家！

婆婆生日祝酒词

【场合】生日宴会。
【人物】寿星、亲朋好友。
【祝酒人】儿媳。

尊敬的各位亲友、各位来宾，亲爱的女士们、先生们：

大家晚上好！

今天是×××年××月××日，是我的婆婆××女士××岁的生日。在这喜庆祥和的日子里，亲朋好友们齐聚一堂，共同庆祝我婆婆的大寿，对于你们的到来，我们全家人都感到无上的荣幸。在此，我首先祝贺我的婆婆生日快乐，笑口常开！同时，我也代表婆婆和全家人，向在座的各位来宾朋友们百忙之中前来道贺，表示热烈的欢迎和深深的谢意！

我嫁进这个家庭已经有二十几年了，这二十几年来，公公婆婆对我十分关爱，视如己出。二老一生育有三名子女，我的爱人××排行老三，不仅受到了二老的特别疼爱，而且得到了哥哥嫂嫂们的特别照顾。这是一个和睦美满的家庭，它让我感受到了浓浓的暖意。我为有着二老这样善解人意、关怀体贴的公公婆婆而感到骄傲和自豪。

我的婆婆是一位善良厚道、勤俭朴实的人。她这一辈子勤勤恳恳、亲切待人，在子女们眼中是一位好母亲，在邻里们眼中是一位好邻居，在朋友们眼中是一位好大姐。对我们大家来说，她是一个受人爱戴、值得尊敬的老人。这么多年来，她的品行，受到了所有人的一致好评。二老操劳一生，养育子女，直到现在还在为我们这些孩子们操心。我和爱人工作忙，二老便主动承担起了照顾我们的女儿的责任。看到二老每天忙着照顾孩子穿衣吃饭，还得带着她上学下学，我们既感动，又十分心疼，但是二老从来不觉得累，反而还乐在其中呢。有这么两位善解人意，不摆长辈架子的老人，真是我这个做儿媳的前世修来的福分。

令我们感到由衷的欣慰的是，二老的身体都还十分硬朗，性格也都十分乐观开朗。父母的健康，是儿女们最大的幸福。我们希望二老能够永远健健康康，身体倍棒。

在这特别的日子里，我怀着无比兴奋和喜悦的心情，衷心地祝愿二老身体健康、晚年幸福，希望二老能够度过一个快乐安详的晚年！同时也感谢到场的所有人，祝大家身体健康、生活幸福、万事如意，干杯！

谢谢大家！

爷爷奶奶寿宴祝酒词

范文一

【场合】爷爷生日宴会。
【人物】寿星、亲朋好友。
【祝酒人】孙女。

亲爱的爷爷：

今天是您的生日，我首先代表全家人祝您生日快乐！同时，我谨代表全家向在座的各位表示最热烈的欢迎和最衷心的感谢！

您是我们家的主心骨，在很多事情上，更是全家人的精神领袖。一直以来，我都很羡慕您和奶奶之间那份坚如磐石的感情。经过几十年的风风雨雨、相濡以沫，你们的感情历久弥坚，和谐美满，令人欣美。

您并不是一个严厉的父亲和爷爷，但是您总是以身作则地教我们要做一个堂堂正正的人，要光明正大地处世。您和奶奶之间深厚的感情使我们从小就体会到了家庭的幸福是何等的重要。你们用心经营着这个家庭，你们这份浓浓的爱就像春天的气息一样，传递给家里的每一个人，从而也培养了我们很强的家庭观念。在你们的影响下，我们牢记，无论在什么时候，家庭都是自己最坚强的后盾，而只有在家庭中，才能体会到最真实的幸福。

爷爷，您知道吗，您是我们全家人终生感激的人，是您和奶奶，一同教会了我们该如何寻找幸福。每当看到您陪着奶奶到广场遛弯，在奶奶生病时寸步不离地在床前照顾，不时地还从花鸟市场上带回几盆奶奶喜爱的盆栽，我们的心里都很感动。这样的爷爷，是我们最好的榜样。

如今，您和奶奶都步入了晚年，我希望你们在晚年里同样能够一如既往地幸福快乐，笑口常开，希望你们能够手牵着手，一同白头到老。

最后，请大家举杯，为爷爷奶奶身体健康、幸福快乐，为大家的工作顺利、生活开心，干杯！

范文二

【场合】奶奶生日宴会。

【人物】寿星、亲朋好友。

【祝酒人】孙女。

尊敬的各位来宾、各位长辈们，亲爱的女士们、先生们、朋友们：

大家晚上好！

红灯高照福庆长乐，爆竹连声寿祝久安。今天是个有着特别意义的日子，是我最敬爱的奶奶百岁寿辰的大喜之日。今天，各位好友亲朋、邻里乡亲能够来到这里共同为奶奶祝寿，我和全家人都感到由衷的高兴。在这里，我首先代表全家人对我最敬爱的奶奶说一声：生日快乐！同时，我也代表奶奶和全家人，向在座所有亲朋好友们的光临，表示最热烈的欢迎和最衷心的感谢！

小时候，由于我的父母长年在外地工作，所以，我从小是由奶奶带大的。十几年的朝夕相处，让我对于她老人家一直有着一种别样的深情，从小到大和奶奶也特别亲近。

这么多年来，每当我遇到困难或者遭遇挫折，我最先想到的人总是奶奶。从小，奶奶便教育我遇到问题不要退缩，而是要积极努力地想办法解决，要坚强勇敢地面对人生。奶奶是这样教育我的，她自己也是这么做的。奶奶是一位性格坚毅的老人，她的身上，总是透露出一股坚定的信念。小时候，奶奶经常和我讲她过去的故事，从这些故事中我得知，奶奶这一辈子经历过许许多多的苦难和风雨，正是这些坎坷和考验，磨炼了她坚定的意志，使她坚强地挑起了家庭的生活重担。

我经常感慨，虽说过上了好日子，但她仍有操不完的心。年轻的时候为子女操劳，现在又为孙辈操劳，一生始终忙碌着，我们都说她是个闲不住的人。亲爱的奶奶，您知道吗，您的健康和幸福就是我们这些子孙们最大的心愿。我们都衷心地希望您可以度过一个轻松快乐的晚年，希望您将来多为自己想一些，少为我们儿孙操心，安安逸逸地享受您的晚年。

在这个特别的日子里，我真诚祝愿奶奶生日快乐、身体健康，祝她福如东海、寿比南山。同时，我也衷心地祝愿在座的各位来宾家庭美满、工作顺利！谢谢大家！

外公外婆寿辰祝酒词

范文一
【场合】外公70岁生日宴会。
【人物】寿星、亲朋好友。
【祝酒人】外孙。

尊敬的各位长辈，各位来宾：
大家好！

今天是我敬爱的外公70大寿的好日子。在此，请允许我代表我的家人，向外公、外婆送上最真诚、最温馨的祝福！向在座各位的到来致以衷心的感谢和无限的敬意！

外公、外婆几十年的人生历程，同甘共苦，相濡以沫，体验了生活的酸甜苦辣。在他们共同的生活中，结下了累累硕果，积累了无数宝贵的人生智慧，那就是他们勤俭朴实的精神品格，真诚待人的处世之道，相敬、相爱、永相厮守的真挚情感！

外公、外婆是一对普通的长辈，但在我们晚辈的心中永远是神圣的、伟大的！我们的团结和睦来自于外公、外婆的殷殷嘱咐和谆谆教诲，我们的幸福来自外公、外婆的支持和鼓励，我们的快乐来自外公、外婆的呵护和疼爱！在此，我作为代表向外公、外婆表示：我们一定要牢记你们的教导，继承你们的精神，团结和睦，积极进取，在学业、事业上都取得丰收！同时一定要孝敬你们安度晚年，百年到老。

让我们共同举杯，祝二老福如东海，寿比南山，身体健康，永远快乐！

干杯！

范文二

【场合】外婆生日宴会。

【人物】寿星、家人。

【祝酒人】外孙。

亲爱的外婆：

今天我们全家人欢聚在一起，共同庆祝您的 60 大寿。作为您最疼爱的孙子，我在这里代表全家人，向您献上最美好的祝福，祝您生日快乐、健康长寿！

我从小是您带大的，十多年来，您一直对我疼爱有加。小时候，我的身体不好，隔三差五地感冒发烧，再加上当时的医疗条件还很不好，最近的诊所也在好几里之外，而您总是亲自为我熬药，您在厨房中忙碌的身影，回忆起来还历历在目，每次都让我十分感动。

您把我视为最重要的人，记得您常常给我做好吃的，而自己总是舍不得吃。有一回您到县城里去，还给我带回了一本字典。尽管您并不识字，但从小就教育我要好好学习，将来才能成为有用的人。您的谆谆教诲，我一直铭记在心。

亲爱的外婆，您这一辈子含辛茹苦，为我们全家付出了太多太多。可惜我小时候很不懂事，十分淘气，经常惹您生气，让您掉了不少眼泪。现在回想起来，我真是万分的后悔与愧疚。从今往后，我保证，一定会好好地孝顺您，不再惹您生气，尽力作一个听话的乖孙子。

如今，您的儿孙们也都已经长大了。作为您的子孙，我们都十分骄傲，我们以有您这样勤恳、朴实、无私奉献的长辈为荣，今后，我们都将以您为榜样，宽厚待人、与邻为善，助人为乐，把勤俭忠厚的家风继续传承下去。

今天是您的 60 大寿，我代表爸爸妈妈、舅舅、阿姨们，祝您福如东海、寿比南山，希望您今后生活的每一天，都能够开开心心、快快乐乐！

让我们举起手中的酒杯，共同为我最亲爱的外婆献上最美的祝福吧！干杯！

第三节 平辈生日祝酒词

平辈包括自己的爱人、朋友、同学、战友等。同龄人之间的祝酒词，一般比较轻松，用词也比较自由，只要表达出对寿星的祝福之意即可。比如，老同学生日祝酒词可以这么说："今晚，是一个欢呼的夜晚；今晚，是一个不眠的夜晚。朋友们，让我们一起用笑声欢度这个欢快的夜晚。同学、朋友的祝福，如朵朵小花开放在美好的季节里，为你点缀欢乐四溢的佳节。让这喜庆的气氛、激动的心情编织你快乐的生活。"

妻子生日祝酒词

【场合】生日宴会。
【人物】妻子、丈夫、好友。
【祝酒人】丈夫。

各位朋友：

大家晚上好！

非常感谢大家在百忙之中前来参加我老婆的生日宴会，谢谢大家。刚才有人提议让我对老婆说几句话，其实我心里确实有很多真心话要给我最爱的老婆说，还请大家不要见笑。

老婆，你总是说我不懂浪漫，其实我看得出来你满心欢喜。你说只要我心中有你，你就很开心。但是今天，我要浪漫一回，让你过个难忘的生日。现在，我为你唱一首流行的情歌，名叫《老鼠爱大米》：

我听见你的声音

有种特别的感觉

让我不断想

不敢再忘记你

我记得有一个人

永远留在我心中

哪怕只能够这样的想你

如果真的有一天

爱情理想会实现

我会加倍努力好好对你

永远不改变

不管路有多么远

一定会让它实现

我会轻轻在你耳边

对你说对你说

我爱你

爱着你

就像老鼠爱大米

不管有多少风雨

我都会依然陪着你

我想你

想着你

不管有多么的苦

只要能让你开心，我什么都愿意

这样爱你……

老婆，遇见你是我今生最大的幸福。还记得吗？我们曾是那样甜甜蜜蜜，带着对爱情的执著与信任步入婚姻。很多人说，再热烈如火的爱情，经过岁月的磨蚀，也会慢慢消逝，但我们始终执著地坚守着彼此的爱情，我们当初勾小指许下的约定，现在都一一实现了。老婆，我感谢你为我所做的一切，特别是给了我一个温馨美满、幸福洋溢的小家。

相识是缘，相知是分。今生注定我是你的唯一，你是我的至爱。老婆，让我们携手一起漫步人生路，我会一直守着你，一起慢慢变老！遇到你是我今生最大的幸福！

各位，让我们端起酒杯，祝我亲爱的老婆年轻漂亮、心想事成、天天开心。同时，也真心地祝愿在座的各位爱情温馨甜蜜，事业蒸蒸日上。干杯！

丈夫生日祝酒词

【场合】生日宴会。

【人物】寿星、家人、朋友。

【祝酒人】妻子。

亲爱的老公：

今天是你的生日，祝你生日快乐！喝酒之前，我想先说一些心里话。

你知道吗？能够拥有深爱着我的和我深爱着的你，我是多么的欣慰和自豪。对我来说，你的生日是一个重要的日子。今天，我要为我最爱的人献上最美的祝福。希望你永远欢乐和幸福。

亲爱的老公，十几年前，我选择了你。当时我就坚定地认为，我的选择不会有错，直至今日，我依然坚信那是我这辈子做得最正确的选择。因为有你，我的生活绚烂多姿；因为有你，我的每一天都是快乐和幸福的。我对你的爱，不是因为你绚丽的光环，也不是因为你迷人的风采，我爱你，是因为我们彼此深深相爱，心连着心，情牵着情。无论走过千山万水，还是历经风风雨雨，无论我们以后会经历怎样的磨难和坎坷，我对你的情都不会转移，我对你的爱都不会改变。

在生活中，我们偶尔也会闹不和，也会吵架，但这并没有影响我们之间的感情。无论何时，无论何地，请不要怀疑我对你的爱，请你相信，无论经历怎样的沧海桑田，世事变迁，我们之间的感情，就像大海一样深沉！

亲爱的老公，你是一个家庭观念很强的男人，你孝敬父母、尊敬长辈、体贴妻子、爱护儿女。在单位里你是一个好员工，你兢兢业业、踏实肯干、团结同事、尊重领导。作为好儿子、好丈夫、好爸爸、好同事，你的行为举止，将成为孩子们以后学习的榜样，而我，也为拥有你这样一位优秀的丈夫而深感自豪。

虽然我们没有海誓山盟，没有甜言蜜语，但是我相信最幸福的事就是和你一起慢慢变老。让我们一起走过春夏秋冬，走过人生的幸福和坎坷，相依相伴，携手走完这一辈子。

老公，祝你身体健康、事业顺利，生日快乐，干杯！

朋友生日祝酒词

【场合】生日宴会。
【人物】寿星、好友。
【祝酒人】挚友。

亲爱的朋友们：

大家晚上好！

伴着熟悉而且优美的旋律，我们迎来了××的生日，在这里我谨代表各位同窗好友祝××生日快乐，笑口常开！

在这个世界上，人不可以没有父母，没有亲人，同样也不可以没有朋友。没有朋友的生活犹如一只还未成熟的梨子，苦涩难咽。拥有了朋友，才使得我们远离寂寞，从此生命变得多姿多彩，兴趣盎然。

朋友是春日里吹开我们心中冬的郁闷的一丝微风；朋友是夏雨中手里撑着的一把雨伞；朋友是收获季节里的一杯美酒；朋友是雪花飘零时手中捧着的一盏热茶。朋友就是我们自己的影子，他让我们永远不再孤单，不再寂寞。

日月轮转永不断，情若真挚长相伴。今晚的聚会充满了浓浓的情意，相信在座的每一位朋友永远都会记住这难忘的一刻。来吧，朋友们！让我们端起芬芳醉人的美酒，伴着轻快的音乐，为××祝福！祝他事业蒸蒸日上，身体健康强壮，家庭幸福美满，生活开心快乐！同时，愿这个美好的夜晚给所有的来宾带来欢乐和祝福，愿我们的友谊长存。干杯！

老同学生日祝酒词

【场合】生日晚宴。

【人物】寿星、老师、同学。

【祝酒人】同学。

尊敬的老师，亲爱的同学们：

大家晚上好！

今天我们欢聚一堂，共同祝贺我们的同学××先生××岁生日。首先，请允许我代表寿星及其全家向远道而来的老师、同学们表示热烈的欢迎和真诚的感谢。同时也代表××级全体同学和朋友们向寿星表示最真诚的祝福：祝××同学生日快乐、一切顺心！

在这个祥和喜庆的生辰纪念日，让我们衷心地说一声：谢谢你给我们带来那么多欢声笑语，谢谢你对待老师、同学、朋友的一片真心。梦境会褪色，花朵也会凋零，但你曾拥有过的，将伴你永存。花絮飘香，细雨寄情，在这花雨的季节里，我们送给你真心的祝福，衷心祝福你梦想成真！

今晚，是一个欢呼的夜晚；今晚，是一个不眠的夜晚。朋友们，我们一起用笑声欢度这个欢快的夜晚。同学、朋友的祝福，如朵朵小花开放在美好的季节里，为你点缀欢乐四溢的佳节。让这喜庆的气氛、激动的心情编织你快乐的生活。

把祝福串成一首文采飞扬的诗，串成一曲动人的歌曲，开创一片温馨的心灵绿地，让美丽的夜色，来到我们中间，让温馨的祝福，送至你的心间！让我们共同举杯，在这灯光闪烁的夜里，深深地祝福寿星——我们的老同学××先生开心快乐，笑口常开。美丽的鲜花，闪烁的烛光，敬祝你生日快乐，永远年轻。

同时，我也衷心地祝愿在座的各位家庭美满、工作顺利！谢谢大家！

老战友生日祝酒词

【场合】生日宴会。
【人物】寿星、亲朋好友。
【祝酒人】战友。

尊敬的各位来宾、朋友们：

大家晚上好！

××同志是我们的老战友，今天是他60岁的生日，也是我们值得庆贺的重要日子。在这里，我谨代表全体战友祝福××同志寿诞快乐、万事如意！

××同志，你一直是我们的好战友、好同志。在我们这个集体中，你的枪法最精准、学识也最渊博。你严于律己，亲切待人，是我们的好榜样。在多年的军旅生涯中，你一直都像我们的大哥哥，总是无微不至地关心和爱护着我们，使我们这些远离家乡的士兵们感受到了家的温馨。

想当年，我们从祖国的五湖四海走到一起，建立起了兄弟手足般的深厚情谊。我们同生死、共患难，一同为解放事业抛头颅、洒热血。当时的条件万分艰苦，但是我们正是靠着相互间的鼓励和支持，以及对祖国共同的热爱才坚持走到了最后。

有人说，战友之间的感情是最深厚的，确实是这样的。我们是患难与共的好兄弟，在艰苦卓绝的岁月里我们一路走来，共同经历了那些激情燃烧的岁月，一同见证了中华人民共和国的成立。回想起那一段峥嵘岁月，我们都禁不住感慨万千。如今走入了和平年代，我们之间的兄弟情谊却历久弥新，并没有因为社会的变化而有一丝一毫的减损。

这些年来，我们各自为事业和家庭奔忙，距离的遥远更是造成了聚少离多。今天是你的生日，借着这个机会，我们难得再次相聚，聊聊往事，唠唠家常，重温当年的深厚情谊。如今我们的年纪都大了，不再像年轻时那样精神旺盛、充满活力。我很了解你的个性，你是一个闲不住

第一章 >>>> 生日祝酒词

的人，只要还有一丝的光和热，就要奉献给家庭，奉献给社会。作为战友，我希望你能放下肩头的担子，好好安享你的晚年，尽情享受天伦之乐吧。那些未完成的心愿，就让年轻人们去拼、去闯、去继承吧。

在你60岁寿辰来临之际，我还想对你说：身体是革命的本钱，健康是享受真正幸福的第一要素，请你放下心中的包袱，开开心心地去面对生活的每一天。你的健康是所有关心你爱护你的人的最大心愿。

最后，我再次代表各位战友，祝你福如东海长流水、寿比南山不老松！干杯！

室友生日祝酒词

【场合】大学寝室生日聚会。
【人物】寿星、同学。
【祝酒人】寿星。

各位姐妹们：

大家晚上好！

今天是我进入大学后度过的第一个生日。每过一个生日，就意味着长大了一岁，也比原来更加成熟了。今天很高兴能和大家一起在寝室里度过我××岁的生日。作为离家在外的第一个生日，此次生日显得格外特别，能和宿舍的姐妹们一同度过，我的内心感到非常的温暖。在这里，我先谢谢各位姐妹了。

生日是一个具有特殊意义的日子，现如今，许多同学都此对十分重视，通常他们喜欢召集几十个同学好友隆重地庆祝一番。这样虽然看起来很热闹，但是场面和花销都是很惊人的，这对于仍作为消费者的我们来说，未免不太合适。就像这次生日，不少同学都想帮我找个地方好好地庆祝一下，对此，我十分感动，但是我觉得还是勤俭一点比较好，左思右想，便决定在寝室里举行这次生日宴会。在寝室里，姐妹们合围而坐，在昏暗的灯光下嗑瓜子、聊聊天，还可以随意地唱歌，别有一番情趣与滋味，而且显得更有意义。就这样，这个别具一格的小型生日宴会就在众位姐妹的共同努力之下召开了。

进入大学，我们从五湖四海相聚在一起，共同追求我们对知识和学业的梦想。我们很多人都是第一次离家在外，对家乡具有浓浓的思念。但正是室友之间温馨的温暖，使我们不再有异乡的漂泊感，使我们即使离家千里，依然能够感受到家的气息。今生我们有缘相聚，是前世修来的福分，室友之间的情谊，将是我们一辈子最宝贵的财富。

作为今晚的寿星，我衷心地感谢各位姐妹的参加，感谢你们送来的祝福，感谢你们对我一直以来的关心和爱护。就让我们彼此共同祝愿：愿朝气蓬勃，愿学业有成，愿我们的友谊天长地久。让我们以茶代酒，干杯！

第四节　其他人生日祝酒词

其他人包括同事、恩师、朋友父母等。在这些人的生日宴会上，祝酒人要注意自己的身份，采取适合的措辞和语气。比如，对于自己的恩师，要表达出自己对老师多年培养的感激之情，赞颂老师的无私和伟大。作为学生，可以这样说："老师，您全心全意培养我们，尽导师义务和责任。不求回报，不求名利，因材施教，循循善诱，在我们学子的眼中，您是大海——包容我们的过错，您是溪流——滋润我们的心田，您是长辈——关爱我们的生活，您就是最可爱的人。"

同事生日祝酒词

【场合】生日宴会。
【人物】寿星、单位领导、亲朋好友、嘉宾。
【祝酒人】同事。

尊敬的各位来宾、各位朋友：

大家晚上好！

今天是××先生的生日庆典，能够参加这一盛会并发表祝辞，我深感荣幸。在此，请允许我代表××公司并以我个人的名义，向××先生致以最衷心的祝福！并向各位的到来表示热烈的欢迎和衷心的感谢！

如今的××先生，与20岁时相比，少了几分年轻气盛的青涩，多了几分稳重，经历了这么多年的学习和体验，现在的他坚定自信、处变不惊，是一个能够担当大任的精英。××岁，这是人生的一个阶段，也是××先生事业上升的最佳时期，我希望××，抓住机遇，勇于挑战！作为朋友和同事，我会一直默默地支持你，帮助你！

竞争的时代，事业成败的关键在个人的能力。××先生就是凭借奋斗拼搏的韧劲，凭着一分耕耘，一分收获的信念，从一点一滴的事情做起，最终由普通职员升为现在××公司的核心领导之一，这些都是他用汗水和努力换来的。××先生对工作执著追求的精神令人敬佩，他的年轻有为、事业有成更令人惊羡。在此，我们共同祝愿他永远拥有旺盛的精力，事业再创高峰！

人海茫茫，我和××只是沧海一粟，由陌路到同事，到朋友，由相遇到相知，这难道不是缘分吗？现在，掐指算来，我们已经有××年的交情。路漫漫，岁悠悠，世上不可能有什么比这更珍贵的了。在这里，我真诚地希望我们能永远守住这份珍贵的友谊，愿我给你带去的是快乐，带走的是烦恼，愿我们的友谊永远真诚坦然！

各位同事，朋友们！来，让我们端起芬芳醉人的美酒，共同祝愿××先生生日快乐，愿他在新的一年里，身体健康，事业平步青云，生活日新月异，取得更大的成绩。干杯！

恩师寿辰祝酒词

【场合】生日宴会。

【人物】寿星、同学及导师。

【祝酒人】学生。

亲爱的××老师、同学们、朋友们：

大家晚上好！

今天，我们高三四班的同学欢聚一堂，庆贺亲爱的恩师××老师的寿辰，畅谈离情别绪，互勉事业腾飞。此时此刻，我的内心无比激动和兴奋，我代表全体学生向××老师送出我们的祝福，并且行三鞠躬。

一鞠躬，是感谢。感谢××老师这些年来的教导，在这里，我要衷心地说一句：老师，您辛苦了！

二鞠躬，还是感谢。我怀着一颗感恩的心，感谢××老师对我们无微不至的照顾、关心，因为有了您的支持和鼓励，才让我们感到生活更加温馨，工作更加顺利。

三鞠躬，是送去我们对××老师最衷心的祝愿。祝老师健康长寿、幸福永久，笑口常开！

一位思想家说得好："在所有的称呼中，有两个最闪光、最动情的称呼：一个是母亲，一个是老师。老师的生命是一支蜡烛，老师的生活是一抹彩虹，老师的事业是一首诗歌。"××老师在人生的旅程上，风风雨雨，历经沧桑四十载，他的生命，不但在血气方刚时喷焰闪光，而且在壮志暮年中绽放光彩。

老师，您全心全意培养我们，尽导师义务和责任。不求回报，不求名利，因材施教，循循善诱，在我们学子的眼中，您是大海——包容我们的过错，您是溪流——滋润我们的心田，您是长辈——关爱我们的生活，您就是最可爱的人。

现在，我提议，首先向××老师敬上三杯。第一杯酒，祝贺××老师生日快乐；第二杯酒，感谢老师恩深情重！您辛苦了！第三杯酒，衷心地祝愿恩师增福增寿增富贵，添光添彩添吉祥！愿这一美好的时光，永远留在我们的记忆里。干杯！

朋友父亲寿辰祝酒词

【场合】80 岁生日宴会。

【人物】寿星、亲朋好友。

【祝酒人】来宾代表。

尊敬的各位来宾、各位亲朋好友：

大家晚上好！

春华秋实，光阴似箭，今天我们欢聚在这里，为×××女士的父亲——我们尊敬的××爸爸共祝八十大寿。

在这里，我首先代表所有老同学、所有亲朋好友向××爸爸送上最真诚、最温馨的祝福，祝××爸爸福如东海，寿比南山，万事如意，福祉绵绵，笑口常开，益寿延年！

风风雨雨80年，××爸爸阅尽人间沧桑，品味了人生的酸甜苦辣。

他一生积蓄的最大财富是他那勤劳、善良的人生品格，他那宽厚待人的处世之道，他那严爱有加的朴实家风。这一切，伴随他经历了坎坷的岁月，更伴随他迎来了晚年生活的幸福。

而最让××爸爸高兴的是，这笔宝贵的财富已经被他的爱女×××女士所继承。多年来，她兢兢业业，以过人的胆识和诚信的品质在事业上获得了巨大成功。

让我们共同举杯，祝福老人家生活之树常绿，生命之水长流，寿诞快乐！

祝福在座的所有来宾身体健康、工作顺利、万事如意！

谢谢大家！

18 岁成人礼祝酒词

【场合】18 岁成人礼。

【人物】学生们、各位老师、各位家长、学校领导。

【祝酒人】老师。

尊敬的各位家长、学校领导、各位老师，亲爱的同学们：

大家好！

今天是高××班全体同学 18 岁的生日，首先，我代表全体教师为你们祝福，向你们表示衷心的祝贺！

今天，你们将带着父母亲人的热切期盼，面对庄严的国旗许下铿锵誓言，光荣地成为中华人民共和国的成人公民，迈出成人第一步，踏上人生新征途。

18 岁，这是多么青春、多么令人羡慕的年龄！成年人，这又是一个多么神圣的字眼。它意味着从此以后，你们将承担更大的责任和使命，独立面对以后的人生，探求更多的知识。

18 岁，这是你们人生中一个新的里程碑，是人生的一个重大转折，也是人生旅途中一个新的起点。

同学们，在以后的人生旅途中，我们希望看到那时的你们朝气蓬勃，勇敢顽强！我们希望你们始终能够老老实实做人、勤勤恳恳做事，一步一个脚印，带着勇气、知识、信念、追求去搏击长空，创造自己的新生活！我们也祝福你们在今后的人生道路上，一路拼搏，演绎出自己的精彩！

为了风华正茂的18岁，干杯！祝同学们都能拥有自己美丽的天空。

谢谢大家！

第二章　婚宴祝酒词

结婚是人生的四大乐事之一，关系着人一生的幸福，因此，婚礼一般来说是极为隆重的，亲朋好友、同事领导、同窗战友等全会列席参加，为新人送上温馨的祝福。在这种场合上，祝酒词扮演着重要的角色，它既可以推动婚礼的进行，又可以调动现场的气氛，同时也表达了祝酒人对新人的真诚祝福。但需注意，祝酒的时候要结合自己的身份，采取恰当的措辞。

第一节　长辈祝酒词

在婚礼当中，长辈的祝酒词是最正规、最必不可少的，是婚礼仪式上的一项很重要的程序。作为一个长辈，在婚礼上不应只说几句客套的祝辞就算了事，谆谆教导是最合适的祝辞。新人家长一般要作为主人向来宾的到来表示感谢，并向自己的子女提出祝福和希望。比如，新娘伯父可以这么说：婚姻生活不是完全沐浴在蜜汁里，你得趁早打破少女时的桃色的痴梦，竖起你的脊梁，做一个温柔贤惠的妻子，同时还要担负起家庭事务的重担。

新郎父母祝酒词

范文一

【场合】婚宴。

【人物】新人、亲友。

【祝酒人】新郎父亲。

尊敬的女士们、先生们，朋友们：

大家上午好！

天长地久祝新人，并蒂开放向阳花。

今天是犬子××和××小姐结婚的大喜日子，我内心非常激动。在此，我谨代表双方的家长向这对新人表示衷心的祝福，同时，借此机会，向多年来关心、支持、帮助我们全家的各位亲朋、挚友表示最诚挚的谢意！

罗曼·罗兰说："婚姻的唯一伟大之处，在于唯一的爱情，两颗心的相互忠诚。"叔本华说："结婚就意味着平分个人权益，承担双方义务。"作为父亲，我衷心希望一对新人在漫长的人生路上，牢记哲人的忠告，一辈子相互扶持，相敬如宾，白头偕老，幸福一生。

结婚是人生大事，从此一对新人将开始新的人生。在此，我想说三句话：一是希望你们互相理解包涵，在人生道路上同舟共济；二是要尊敬和孝敬父母，常回家看看；三是不断进取，勤奋工作，回报社会、回报父母、回报单位。

在这里，我郑重代表我的全家，诚挚感谢亲家对小儿的赏识、信任，把你们含辛茹苦抚养成人的宝贝女儿托付给小儿。知子莫若父，我相信小儿有能力做到，也一定会做到让你们的女儿幸福，请亲家放心。

最后，让我们共同举杯，祝愿这对新人生活幸福、百年好合，祝福各位来宾身体健康、家庭和睦，干杯！

范文二

【场合】婚宴。

【人物】新人及双方的亲友、嘉宾。

【祝酒人】新郎父亲。

尊敬的各位来宾，各位至亲好友们：

大家好！

合欢偕伴侣，新喜结亲家。

今天我的儿子××与××小姐在你们的见证和祝福中幸福地结为夫妻，我感到无比的激动。作为新郎的父亲，我首先代表两位新人及我们全家向在百忙之中抽身前来参加结婚典礼的各位来宾、至亲好友们，表示衷心的感谢和热烈的欢迎！并祝大家心想事成，身体健康，合家幸福安康！

在今天喜庆的日子里，我还要感谢亲家，谢谢你们培养出这么优秀的好孩子，谢谢你们将这位美丽大方又有修养的女儿送到我们身边！缘分使我的儿子××与××小姐相知、相惜、相爱，并成为夫妻。在此，我想对两位新人说几句话：一次携手就是一生的誓约。希望你们从今以后，互敬、互爱、互帮、互助，以事业为重，以家庭为重，用自己的聪明才智和勤劳双手，创造美好的未来，用一生的时间忠贞不渝地爱护对方，在人生的路途上心心相印，白头偕老。愿你们工作、学习和生活，步步称心，年年如意。也希望你们有了自己的小家后，常回家看看，多孝敬双方父母！

自愧厨中无佳肴，却喜堂上有贵宾。粗肴薄酒，不成敬意，请各位开怀畅饮。如有招待不周之处，敬请各位原谅。

来！让我们共同举杯，祝愿二位新人白头到老，恩爱一生，在事业上更上一个台阶，同时，祝大家身体健康、合家幸福，干杯！

范文三
【场合】新婚宴会。
【人物】新人、亲戚、同事、朋友。
【祝酒人】新郎母亲。

尊敬的各位领导、各位来宾，亲爱的各位女士们、先生们：

大家好！

今天是我的儿子×××和×××小姐这对新人喜结百年之好的日子。首先，请允许我代表新人，偕同全家人对在座的各位来宾，在百忙之中前来参加×××和×××小姐的新婚喜宴，表示最热烈的欢迎和最衷心的谢意！

今天是个好日子，也是个大日子，相信在座各位的心情都同我一样，和今天的天气一样心旷神怡。就在今天，×××与×××小姐终于收获了他们爱情的果实，在这个最美好最难忘的日子里携手步入神圣的婚姻殿堂。

×××与×××小姐相恋和相爱已经有三年时间。这三年里他们相亲相爱、互相帮助、互相理解、相互支持，使爱情成为学习、工作和生活的动力。自相恋以来，双方的学习、工作和生活的各个方面不仅没有受到阻碍，还得到了长足的发展和有目共睹的提高。正是因为有着热爱生活、渴求知识的共同理想和信念，他们才能够手握着手，甜甜蜜蜜地走到今天。共同的兴趣爱好以及理想信念，已经将他们的生活和命运紧紧联系在了一起。这真是天赐良缘、佳偶天成。

作为他们的母亲，我在此祝愿这对神仙眷侣有情人终成眷属，有情人永远幸福，有情人天长地久。愿他们的婚姻和和美美、甜甜蜜蜜、快快乐乐、幸福安康！

让我们举起手中的酒杯，为这对新人的喜结良缘；为这两个家庭缔结最亲密的合约；也为在场和不在场的所有亲朋好友的身体健康、工作顺利、家庭幸福，干杯！

新娘父母祝酒词

范文一

【场合】新婚宴会。

【人物】新人、亲朋好友。

【祝酒人】新娘父亲。

亲爱的各位来宾，各位至亲好友们：

大家晚上好！

今天是我女儿××和女婿××结婚的大喜日子。通过这个仪式，小两口结成了夫妻，而我们两个家庭也正式结成了姻亲。婚姻不仅是一对新人的结合，还是两个家庭的结合，我们中华儿女自古以来都以这种方式传递和联结着血脉亲情。如今，我的女儿成了家，我也看到了家族延续的希望，可以说，我和爱人一直以来的心愿终于实现了。孩子们，我希望你们能够看到长辈们对你们所寄予的希望，好好地过日子，好好地建立和壮大我们的大家庭，将一个家族的传统延续和传播下去。

作为你们的父亲，我今天倍感激动和欣喜。在此，我首先衷心地祝福你们新婚快乐！同时，也代表全家人，向在座各位亲朋好友深情厚谊前来道贺，致以热烈的欢迎和深深的谢意。

今天，是一个不寻常的日子，在我们伟大祖国富饶广袤的土地上，又组成了一个新的家庭。这个家庭连接着两个家族的情感，承继着先辈们的期望，这个家庭，定会引起我们长辈的抚今追昔，也会激起在座青年人的热烈追求与希冀。这个小康之家，分享着时代的赋予、父母的辛劳，还有亲朋好友们慷慨无私的扶持与帮助，这个家庭的成立，有着十分重要的意义，可喜可贺，值得我们倍加珍惜。

在这个美好的日子里，我祝愿两位年轻人美满幸福、家庭和睦、恩恩爱爱、白头偕老。希望他们用勤劳、勇敢的双手，以一颗纯正、善良的心，共同去营造温馨而美好的家园。家庭永远是最好的避风港，和你的家人一起，去创造幸福美满的生活，去迎接光辉灿烂的明天吧。

让我们共同举起手中的酒杯，为两位年轻人喜结连理，也为两个家庭珠联璧合，干杯！

范文二

【场合】新婚典礼。

【人物】新人、亲朋好友。

【祝酒人】新娘父亲。

尊敬的各位领导、各位来宾，亲爱的女士们、先生们：

大家早上好！

今天是×××年××月××日，是我的女儿与××先生喜结百年之好的大喜日子。承蒙各位亲朋好友们百忙中前来光临，我在此首先代表两位新人和全家人，向在座各位的光临表示最热烈的欢迎和最衷心的感谢。

在这个特别的日子里，我女儿和××先生终于正式结为夫妻，对此，身为父母的我们，感到由衷的激动和喜悦。当他们还是孩童的时候，我们就盼着他们能够快快长大，早日成家立业，以了却我们多年来的心愿。如今，这一心愿终于达成，我们的内心真是百感交集。成家，意味着真正的独立，两个孩子成立了他们自己的小家庭，同时也意味着新的生活的开始。新的生活中必然会有新的困难、新的挑战，这一切需要他们慢慢地去学习，去化解。希望这对新人能够同心协力，相互扶持，相互帮助，共同面对未来生活中的风风雨雨，共同去创造一个更美好的明天。

这一路上，他们相知、相惜、相爱，到今天成为夫妻，我们看着他们一路走来，看到他们终于修成正果，作为长辈的我们自然是倍感欣慰的。从今以后，希望他们能互敬、互爱、互谅、互助，以事业为重，用自己的聪明才智和勤劳双手去创造自己美好的未来。不仅如此，还要孝敬父母，正如一句歌词中唱到的那样："常回家看看！"

让我们共同举起手中的酒杯，为这对新人的幸福美满，为他们的相依相伴、相互扶持，为他们的恩恩爱爱，白头到老，也为在座各位亲朋好友们的身体健康、工作顺利、家庭幸福、万事如意，干杯！

范文三

【场合】婚宴。

【人物】新人及亲友、领导。

【祝酒人】新娘母亲。

尊敬的各位来宾、各位至亲好友：

大家好！

今天，是我×家女儿与×家之子举行结婚典礼的喜庆日子。首先，请允许我代表新人及双方的家长，对各位嘉宾在百忙之中抽身前来参加婚宴表示热烈的欢迎。你们的到来为婚礼增加了喜庆气氛，给两位新人送来了珍贵的祝福，非常感谢大家。

此时此刻，我的心情很复杂。看着女儿从嗷嗷待哺的小婴儿成长为懂事、乖巧的大女孩，如今成为人妻，将展开人生的新旅程，身为母亲，我既有喜悦也有感伤。喜悦的是她终于找到了自己的白马王子，找到了可以相伴一生的人。感伤的是她不再与我们一起生活，朝夕相见。儿女的长大意味着父母的衰老，希望女儿结婚后，常回家看看，让我们享受天伦之乐。

常言道"一个女婿半个儿"，从今天开始，我们×家又多了一个儿子。我的女婿××是个出色的年轻人。他为人真诚、憨厚、责任感强，并且有能力、有理想。工作认真负责，积极进取。我相信这么出色的孩子会善待我女儿一生，珍爱她直到永远，把女儿托付于他，我放心。在此，我要感谢亲家，谢谢他们培养出如此优秀的孩子。

在这喜庆的日子里，我希望两位新人，精心呵护自己的爱情，打造一个温馨浪漫的家庭，创造灿若朝霞的幸福明天。祝福他们家庭和睦，事业兴旺，白头偕老，幸福美满。

嘉宾之意不在酒，在于给一对新人送上真诚的祝福，在此，请让我再次对各位的到来表示万分的感谢。此外，还要感谢主持人幽默风趣、口吐莲花的主持，使今天的结婚盛典更加隆重、热烈、温馨、祥和。

最后，祝大家身体健康、合家欢乐、工作顺心、万事如意！

第一章

婚宴祝酒词

其他长辈祝酒词

范文一

【场合】新婚宴会。
【人物】新人、亲朋好友。
【祝酒人】新郎叔叔。

各位来宾、朋友们：

大家晚上好！

吉人吉时传吉语，新人新岁结新婚。

今天是我的侄子××和××小姐喜结良缘的大好日子。在这里，承蒙两位新人的委托，我担当证婚人这个神圣的角色，内心感到无比的荣幸和自豪。在此，让我们共同向两位新人致以最诚挚的祝福，同时，请允许我代表两位新人和双方的家长，向在座各位来宾百忙中抽空前来道贺，致以最热烈的欢迎和最衷心的感谢。在庄严的礼堂中，在悠扬的歌声里，两位新人踏着坚定的步伐步入了神圣的婚姻殿堂，作为证婚人的我想真诚地对他们说：祝你们幸福！

各位且看，我们的新郎××身姿挺拔，英俊潇洒，他不仅在工作上勤勤恳恳、踏实苦干，而且在为人处世上精明练达、沉稳真诚，真可谓是风流倜傥的少年郎。而我们的新娘××小姐，聪慧可爱、美丽善良，工作上可以独当一面，生活中更是贤惠温良。她的低头含笑，可人温婉，抬起首来，更是如梨花绽放，真可谓是貌美如花的美娇娘。

鹤舞楼中玉笛琴弦迎淑女；凤翔台上金箫鼓瑟贺新郎。两位新人恰恰是天造一对，地设一双，让我们共同祝愿他们成双鸾凤海阔天空双比翼，一对鸳鸯花好月圆两知心，恩恩爱爱，白头偕老，心若比翼，永结同好！

古来都道心有灵犀一点通。是情是缘还是爱，在冥冥之中把他们连在一起，使他们相知相守在一起，这不仅是上帝创造了这对新人，而且还要创造他们的后代，创造他们的未来。

此时此刻，新娘新郎结为恩爱夫妻，天地为证。从今以后，无论贫富，你们是并蒂莲、连理枝，要一生一心一意地爱护对方，在人生的旅程中永远同呼吸、共命运，执子之手，白头偕老。

让我们共同举起手中的酒杯，为两位新人的永结同心、忠贞不渝，为他们的幸福美满、钟爱一生，也为在座各位来宾的家庭幸福、万事如意，干杯！

范文二

【场合】新婚宴会。

【人物】新人、亲朋好友。

【祝酒人】新郎舅母。

尊敬的领导、各位来宾，亲爱的女士们、先生们、朋友们：

大家下午好！

丹山凤凰双飞翼，玉宇欣看金鹤舞。

凤凰双栖桃花岸，莺燕对舞艳阳春。

在春暖花开、喜气洋洋的阳春三月里，我的外甥××和××小姐将要完成他们此生最重要的典礼。带着春天的气息和各位亲朋好友的祝福，他们手牵着手步入了圣洁的婚姻殿堂。作为他们的证婚人，此时此刻，我的内心无比激动。请让我首先祝贺两位新人新婚快乐，地久天长，同时也代表两位新人和他们的家人，向在座的亲朋好友百忙中前来光临，表示最热烈的欢迎和最诚挚的谢意！

新郎××不仅英俊潇洒，而且正直善良，工作上勤奋刻苦，业务上精益求精，是一位优秀的青年。新娘××小姐不仅善良可爱，而且温柔体贴，勤奋好学，心灵纯洁，是一位可爱的姑娘。对于这一天的到来，我们大家都饱含期待。这对金童玉女、天赐佳人的结合，简直是天作之合。他们恰如天造一对、地设一双，他们的喜结连理，使我们对婚姻生活多添了一层美好的想象。

沁园春园，并蒂花开百日红，钗头凤头，双翅蝶结万年青。作为他们的证婚人，我的心中洋溢着浓浓的喜悦，愿这些喜悦化成最甜蜜而美好的祝福，为这一对佳人的幸福生活渲染上更为美丽的色彩。

在这花好月圆、良宵美景之时，我衷心地祝愿这对新婚佳偶恩恩爱爱、白头偕老；在人生旅途上，互敬互爱、互勉互励、加强锻炼、增强体魄、团结协作、勇于进取、虚心学习、创造未来。

请让我们共同举起手中的酒杯，为两位新人的海阔天高双飞翼，月圆花好两心知，也为在座所有朋友们的百年好合同喜庆、五世其昌美家庭，干杯！

范文三

【场合】婚宴。

【人物】新人、亲朋好友。

【祝酒人】新娘的阿姨。

尊敬的各位来宾、各位亲朋好友：

大家好！

今天是一个吉祥的日子，此时是一个醉人的时刻，因为××小姐与××先生在这里举行隆重庆典，喜结良缘。从此，新郎、新娘开始人生幸福热烈的爱之旅程。在这神圣庄严的婚礼仪式上，作为新娘的阿姨，我代表在座的各位亲朋好友向新娘、新郎表示衷心的祝福，同时受新娘、新郎的委托向各位来宾表示热烈的欢迎。

佛说：前世五百次的回眸才能换来今生的擦肩而过，前世的一千次回眸才能换来今生的一次有缘相见。今天，两位新人共结连理，可见缘分早已前世注定。相识本身是一种缘，能够彼此相守更是一种缘。你们从相识、相恋到携手步入婚姻殿堂，此时的天作之合又延伸了这种缘。

童话故事里，王子和公主婚后开始过着幸福快乐的生活。但是作为过来人，阿姨想对你们说，生活不是童话，婚姻生活中你们会遇到很多现实问题，希望你们有勇气面对并解决问题。婚姻是一份承诺，更是一份责任。希望你们能相互体谅与关怀，同甘共苦，努力营造自己的小家，把生活过得像童话一样美好。你们的幸福是父母及长辈最大的心愿。同时，你们要关爱父母，孝敬父母，常回家看看，即使工作很忙，也要打电话向父母报平安。

最后，我提议，为两位新人的富足生活，为双方父母的身体安康，也为在座诸位嘉宾的有缘相聚，干杯！

第二节　其他亲人祝酒词

除了长辈之外，平辈人也经常在婚宴上发表祝酒词，表示对自己亲人的祝福。不同于长辈的谆谆教导，平辈的祝酒词则显得格外亲切，可以说新人生活中的趣事，也可以谈谈自己作为平辈人的感受。有些情况下，晚辈也会在婚宴上发表祝酒词，这时要注意措辞要得体，表示出应有的尊敬以及对新人的祝福。

新郎方亲属祝酒词

范文一

【场合】新婚宴会。
【人物】新人、亲朋好友。
【祝酒人】新郎表妹。

亲爱的女士们、先生们，同志们、朋友们：

大家早上好！

乾坤定奏，金地献山珍，酒美茶香，广湛宾朋欣就座；乐赋唱随，婚宴借海味，食真礼好，新郎新娘喜开筵。今天，我的表哥××先生和××小姐在这里喜结百年之好。首先，让我们共同为二位新人以及他们的父母和亲人献上最美好的祝福，同时，请允许我代表新人，向在座的各位来宾致以最热烈的欢迎和最亲切的问候。

看，新郎英俊潇洒，新娘美丽大方。造物主赐给了他们美丽的外表，他们的父母给予了他们美丽的心灵。天公作美，这对郎才女貌的天赐佳人终于走到了一起，他们的未来必定会永远如此美好，如此幸福。

新郎××先生是一位交通警察，他勤勤恳恳、忠于职守，保证了我们家乡的交通畅达。新娘××小姐是一名幼儿园老师，她亲切地对待幼儿园里的小朋友们，就像对待自己的孩子一样。孩子们都亲切地称呼她为××妈妈。这对璧人共同组建了一个家庭，我们相信，新郎官一定会以坚强的臂膀，保护和支撑起这个家，而新娘子则将成为一个贤妻良母，相夫教子，将这个家营造成一个温暖的港湾。

最后，请让我们共同举杯，祝成双鸾凤海阔天空双比翼；贺一对鸳鸯花好月圆两知心。让我们为新郎新娘的凤落梧桐、珠联璧合，干杯！

范文二

【场合】新婚宴会。

【人物】新人、亲朋好友。

【祝酒人】新郎哥哥。

亲爱的女士们、先生们：

大家晚上好！

绿柳含笑永结同心，地阔天高比翼齐飞。今天是我亲爱的弟弟××先生和××小姐喜结百年之好的大喜日子，我受新郎和新娘的委托，担任他们的证婚人，对此，我感到无比的荣幸和喜悦。在这隆重而庄严的婚礼上，我首先向两位新人献上最衷心的祝愿，祝愿他们新婚快乐。同时，谨让我代表两位新人，向在座各位亲朋好友的亲切光临，表示最热烈的欢迎和最诚挚的谢意！

新郎××先生出生于××××年××月××日，今年××岁，现在××××单位从事××工作，担任××职务。他不仅英俊潇洒、风流倜傥，而且沉稳踏实、正直善良；无论是在工作中还是在业务上，都勤勤恳恳、兢兢业业、勤奋进取、刻苦钻研，真可谓是品貌双全、才华出众。

新娘××小姐出生于××××年××月××日，今年××岁，现在×××××单位从事××工作，担任××职务。她不仅美丽聪慧、温婉可人，而且温柔体贴、贤惠孝顺；不仅工作上精诚敬业、踏实苦干，而且生活中孝敬父母、亲切待人，真可谓出得厅堂、入得厨房。常言道：心有灵犀一点通；有情人终成眷属。他们俩真是龙飞凤舞天生的一对，地造的一双；是情是缘是爱把他们联系在一起，使他们俩圆梦，让心上人相知在一起。

在这个神圣而美好的时刻，新娘和新郎正式结为夫妻，成为了终身的伴侣。作为你们的亲友和证婚人，我希望你们在漫长的人生道路上，有福共享，有难同当，同舟共济，相濡以沫。希望无论是富贵还是贫困，无论是顺利还是坎坷，你们都要全心全意、忠贞不渝地爱着对方、守护对方，在人生的旅程中心心相印，白头到永远！

最后，请让我们共同举杯，为两位新人的幸福美满，也为在座各位的如意吉祥，干杯！

范文三

【场合】老年人婚礼。

【人物】二位老人、亲友、子女。

【祝酒人】新郎侄女。

尊敬的各位来宾、亲爱的各位朋友们：

大家好！

今天是×××年××月××日，在这个阳光明媚、百花争艳的大好日子里，我的大伯××先生和××女士喜结连理。老人喜结新连理，秋日姻缘春日情。在这激动人心的美好时刻，请让我们共同祝愿这对银发伴侣新婚快乐，祝愿他们白发朱颜登上寿，长相厮守好姻缘。同时，我也代表两位新人向在座的各位来宾表达诚挚的谢意和热烈的欢迎。

晚年玉成美事，夫妻缔结良缘，暮年欣结贴心伴，今生乐度幸福秋。××先生和××女士的相遇为他们的晚年生活增添了一道亮丽的光彩。银丝红颜良伴老来冬得艳阳日，红唇白发别具靓丽秋实见春风。他们曾经走过人生的风风雨雨，他们对人生和爱情有着最深刻的体悟。如今的他们，在白发苍苍的晚年结成了幸福的伴侣，可以一同分享人生、一同回忆过去。他们将是最懂得相互珍惜、相互呵护的幸福的一对。

夕阳无限好，萱草晚来香。他们的头发染上了年华的色彩，额头上也满是岁月的痕迹，他们的脚步不再像年轻的时候那样轻盈，他们的面庞也不再像年轻的时候那样朝气勃发。然而他们经历过五彩的人生，体验过生命的丰满，他们感受过最深的快乐和哀伤，因此，也更加懂得该怎么葆有幸福的生活。

走过生命的春华秋实、花开花落，两位老人吹弹着岁月的管弦，奏出了一曲曲最美丽的乐章。如今，他们步入人生的晚年，美好的生活没有终止，美丽的相遇谱写出了他们生活的第二春。他们结合在人生的秋日，却拥有幸福的春天！

梅开二度，佳期似锦，百年佳偶，一世姻缘。让我们共同举杯，为××先生和××女士的"白发同偕百岁，红心共映千秋"；为他们的和谐美满、琴瑟和鸣；也为在座各位的家庭美满、如意吉祥，干杯！

新娘方亲属祝酒词

范文一

【场合】结婚典礼。

【人物】新人、亲朋好友、邻里同事。

【祝酒人】新娘姐姐。

尊敬的领导、各位来宾，亲爱的女士们、先生们、朋友们：

缕结同心日丽屏间孔雀，莲开并蒂影摇池上鸳鸯。

今天是舍妹××和妹夫××的大喜之日。首先，我代表我的家人向这对新人献上祝福。其次，也要感谢在座各位前来道贺。

婚姻是幸福的殿堂，同时也是对人生最大的考验。有人说婚姻就像一条奔流不息的河流，时而波澜不惊，时而咆哮奔腾。而婚姻中的男女双方，就如同河底的石头，经历这河水的冲刷，慢慢地磨去自己的棱角。

难道不是这样吗？在婚姻中，男女双方都需要去适应、去改变，认识和了解对方的优缺点，用心去包容、去体会。如果说爱情飘浮于空中，那么婚姻则扎根于大地。婚姻中有最真实的生活，也有最朴实的情谊和最真切的感动。在柴米油盐酱醋茶的生活中，女孩子从娇羞的新嫁娘变成了精打细算的妇人，从小鸟依人的女生变成了可以作为丈夫坚强后盾的人妻。在这个过程中，童话般的梦幻如泡沫般幻灭，然而他们谱写的，难道不是更为真切而感人的乐章吗？

我想告诉亲爱的妹妹，婚姻生活要求人们去改变，然而一切一切的改变都是为了拥有更为美好的生活。两个人的家庭不像一个人的生活那般恣意、放纵，然而用心体会，我相信你会很快领会到幸福的真谛的。

亲爱的妹夫，我希望你能好好地爱惜和呵护你的妻子，不让她受委屈，包容她偶尔的任性。而我最疼爱的妹妹，我希望你能够照顾和扶持你的丈夫，早日成为一名贤妻良母。姐姐在此祝福你们新婚快乐，同时也祝愿你们长长久久地葆有这一份幸福的感觉。

让我们共同举杯，为了这对新人的婚姻甜甜蜜蜜、长长久久，也为在座各位的身体健康、家庭幸福，干杯！

范文二

【场合】新婚典礼。

【人物】新人、亲朋好友。

【祝酒人】新娘的表哥表嫂。

尊敬的各位领导、各位来宾，女士们、先生们：

大家晚上好！

鱼跃鸢飞滚滚春潮催四化，月圆花好溶溶喜气入人家。

在这个美丽的日子里，××先生和××小姐踏着春的歌谣步入了神圣的婚姻殿堂。作为新娘××的表哥表嫂，我们的内心充满了无比的喜悦。首先，请让我代表各位来宾向新郎新娘致以最衷心的祝福，祝愿他们新婚快乐，恩爱永远。同时，我也代表两位新人和他们的家人，向在座各位亲朋好友的亲切光临，致以热烈的欢迎和深深的谢意！

轻装简从喜迎娶，难诉爱意千重！同举杯，与天地共，幸福甜蜜长无终。齐寄语，贺恩爱永驻、幸福安康！

亲爱的表妹，看到你从一个小姑娘变成一个成熟端庄的新娘子，我们都由衷地为你感到高兴。这是大多数人一生中都必须经历的成长，是个异常重要的时刻，同时也是一个巨大的考验。作为你的表哥表嫂，在这喜庆的日子里，我们想对你们说，希望你们这两位年轻人，在将来的生活中，能够用你们勤劳善良的双手，共同去营造你们温馨而又幸福的港湾，用你们坚定而又执著的信念，去维护甜蜜而又永恒的爱情。希望幸福的家庭，成为你们眷恋的爱巢。希望你们从今往后，无论贫富还是疾病、无论环境多么恶劣，你们都要一生一世、一心一意、忠贞不渝地爱着对方、守护着对方，在漫漫的人生旅程中，永远心心相印、相依相伴，相互扶持，相濡以沫，恩恩爱爱，直到永远。

　　亲爱的朋友们，让我们共同举杯，为这两位年轻人的喜结百年之好，为他们的爱情甜蜜、家庭幸福，也为在座所有亲朋好友们的身体健康、工作顺利、和谐美满，干杯！

第三节　朋友祝酒词

　　新人的朋友包括知己好友、旧时同窗，也包括要好的同事和战友。作为朋友，他们可以说一些新郎新娘恋爱过程中的一些事，也可以说一下新人之前的趣事，这样能够使现场气氛活泼放松。比如，新娘的师姐可以这样说："××小姐是我的小师妹，在学校的时候，她就经常向我诉说内心的小秘密，她是一个纯情善良的好女孩。今天看到她能找到自己的如意郎君，迈向新的生活，我这个做师姐的感到由衷的高兴。"

友人祝酒词

范文一

【场合】新婚宴会。

【人物】新人、亲朋好友。

【祝酒人】新郎新娘的朋友。

尊敬的各位来宾、朋友们，亲爱的女士们、先生们：

　　大家早上好！

　　沁园春园，并蒂花开百日红；

　　钗头凤头，双翅蝶结万年青。

　　今天，是××女士和××先生新婚大喜的日子，首先，作为证婚人，我对两位的结合致以最深切的祝福。作为他们的朋友，荣幸地被委托担任他们的证婚人，我的心情同今天的天气一样，无比的爽朗和清新。在这里，我衷心地祝愿两位新人新婚快乐，地久天长，同时也谨让我代表两位新人和他们的家人，向在座的各位来宾致以最热烈的欢迎和最衷心的感谢！

新郎××先生今年××岁，在××单位担任××职务。他不仅在工作上勤奋刻苦、兢兢业业，在业务上勤勉认真、一丝不苟，而且在为人处世上诚挚热情、谦逊有礼，是领导们一致认同的有为青年，是同事、朋友引以为豪的良师益友。

新娘××小姐今年××岁，在××单位担任××的职务。她不仅在工作上积极进取、认真负责，在业务上勇于探索、刻苦钻研，而且在待人接物上亲切随和、真诚善良，是邻里们公认的好邻居，长辈们公认的好子女，同事们公认的好伙伴。

××先生和××小姐如今走到一起，乃是天作之合、良缘无双。××先生和××女士现在都已经达到法定的结婚年龄，随着时间的推移，感情也越来越深厚，他俩的结合，可谓水到渠成，瓜熟蒂落，经民政部门的批准，已经领取了结婚证。作为证婚人，我在此宣布，他们的结合是合法有效的。

作为证婚人，我在此向你们表达几点心愿，愿你们夫妻恩爱，白头偕老，一朝结下千种爱，百岁不移半寸心，在漫漫的人生道路上相依相伴，相濡以沫，风雨同舟，休戚与共。愿你们做一对事业上的伴侣，相互学习，相互支持，相互勉励，如莲花开并蒂，如海燕试比高，在各自的岗位上都做出优异的成绩。

最后，我为二位送上四味干果，红枣、花生、桂圆、莲子，愿你们早生贵子！

谢谢大家！

范文二

【场合】婚宴。

【人物】新人及双方的亲友、嘉宾。

【祝酒人】新郎朋友。

尊敬的各位朋友：

今天是××大喜的日子，说起来××兄和我有很深的缘分，我们从幼儿园开始直到现在，不但是同学、同事还是同宿舍的挚友，因为我们毕业后分到一个单位又在同一宿舍住。每次同学聚会，谈到婚姻问题，

××总会说他会最晚结婚，没想到他会是第一个踏进结婚礼堂的幸运儿。

前些天在街上偶然遇见他们，××兄把他的未婚妻介绍给我，当时就觉得他们是天生的一对。后来我们一起去看电影，他们两人低头私语、甜蜜非常，早把电影和我这个"第三者"忘得一干二净了。

××小姐——不，××太太，我要坦诚对你公开××先生的一个坏习惯，那就是晚上爱熬夜，我们同宿舍的人常深受其害。不可否认的，他是位很好的人。假如××兄的这一坏习惯能得到改变，你的功劳就非常之大了。

最后祝福两位健康、幸福，并且再说一声恭喜恭喜！

同学祝酒词

范文一
【场合】结婚典礼。
【人物】新人、亲朋好友。
【祝酒人】新郎大学同学。

亲爱的女士们、先生们，朋友们：

大家好！

世纪开元气象新，红梅报春结良缘。

今天是××××年××月××日，是××先生和××小姐喜结百年之好的大喜日子。作为新郎的同窗好友，我此时此刻感到特别的激动与兴奋。在这里，我首先祝贺两位新人新婚快乐，同时，谨让我代表新郎新娘和他们的家人，向在座各位亲朋好友百忙中前来参加典礼，表示最热烈的欢迎和最衷心的感谢！

昔日同窗好友，终于到了大喜之时，一转眼时间飞踏，几年前一同嬉笑的同伴已经走进了人生的另一个状态。回想当年共同生活的日子，我们一同读文章、写论文，一同逃课，一同出游，在四年的大学生活中建立了深厚的情谊。在此，我想要对新郎××和嫂子说：祝你们天长地久，幸福到永远。

我们的新郎和新娘有着深厚的情感基础，如今，他们共同创业，必定能够在不远的将来撑起一片共同的蓝天。愿他们在漫漫人生路上相依相伴，相濡以沫，休戚与共，风雨同舟。愿他们像莲花并蒂相映红，如海燕双飞试比高。

最后，让我们共同举杯，为新郎新娘的新婚快乐、幸福美满、恩恩爱爱、白头偕老，也为在座各位的家庭幸福安康，干杯！

范文二：

【场合】婚宴。

【人物】新人、亲朋好友。

【祝酒人】新娘的师姐。

尊敬的各位领导、各位来宾、各位亲朋好友：

大家好！

在这春意盎然、孕育希望的美好时节，××先生和××小姐，这对金童玉女，历经×年的相知相恋，今天终于花开并蒂，喜结良缘。在这大吉大利的日子里，我们喜酒相逢，欢聚一起，共同庆贺。各位宾友齐聚于此，可谓高朋满座。在这里，请允许我代表各位来宾向两位新人表达最美好的祝福，祝他们夫妻恩爱如胶漆，美满幸福享吉祥！并受新人委托，向各位来宾的到来表示衷心感谢！

今天的阳光因为他们而绚丽，今天的红杏因为他们而绽放。××小姐是我的小师妹，在学校的时候，她就经常向我诉说内心的小秘密，她是一个纯情善良的好女孩。今天看到她能找到自己的如意郎君，迈向新的生活，我这个做师姐的感到由衷的高兴。

看新郎，英俊潇洒，风流倜傥，浓眉大眼，落落大方，新郎不仅仪表堂堂，而且才华出众，是一位年轻有为的好青年。

看新娘，身形苗条，风姿翩翩，有如芙蓉娇艳美，赛过五彩金凤凰，新娘不仅温柔漂亮，而且智慧聪颖，是一名优秀的人民教师。

××小姐和××先生结合，真是郎才女貌，佳偶天成。在此，我用一副对联向他们表达衷心的祝福：

情切切，意绵绵，鸾歌凤舞纵情欢，夜以继日抓生产，早生贵子香火传。

天苍苍，野茫茫，海枯石烂天地荒，富贵贫贱不两样，风雨同舟万年长。

谢谢大家！

战友祝酒词

范文一

【场合】新婚宴会。

【人物】新人、亲朋好友。

【祝酒人】新郎战友。

尊敬的各位来宾、朋友们：

大家早上好！

今天是×××年××月××日，是我们的好战友、好同志××和新娘子××小姐结婚的大喜日子。我们大家带着兴奋、喜悦的心情共同来参加他们的婚礼。在座的所有朋友们都笑逐颜开、喜上眉梢，我们都为这对新人感到由衷的高兴。在这里，我首先代表全体战友们祝贺××同志新婚快乐。同时，谨让我代表两位新人和他们的家人，向在座各位朋友的光临表示最热烈的欢迎和最衷心的感谢。

我们的战友××同志是一位杰出的青年，他在团里的出色表现是有目共睹的。作为我们××连的连长，他时时刻刻起着模范带头作用，不管是实战的演练，还是战术的模拟，他都成绩优异、名列前茅。在生活中，他还像兄长一样关心着我们，照顾着我们，让我们这些离家在外的人们，依然能够感受到家的温暖。对我们来说，他不仅是好连长、好战友，还是好兄长、好朋友。

今天，××同志能够找到××小姐这样一位美丽善良、温柔贤惠的好妻子，是我们所有步兵连战士的骄傲。而××小姐能够与××同志这样优秀杰出的青年结为伴侣，也是慧眼识英才。他们两位郎有才、女有貌，真是天造一对、地设一双。他们两位的结合，真可谓是天作之合、珠联璧合。

在这里，我们真诚地为新郎××和新娘××献上最真挚、最衷心、最美好的祝愿，祝你们新婚快乐！祝愿你们白头偕老、琴瑟和鸣，祝愿你们恩恩爱爱、你侬我侬，祝愿你们家庭美满，生活幸福，祝愿你们这对军哥军嫂共同为祖国的国防建设再建功勋。

让我们举起手中的酒杯，共同为这对幸福的新人，干杯！

范文二
【场合】部队集体婚礼。
【人物】新人、领导、战友。
【祝酒人】战友。

尊敬的来宾、首长们，亲爱的女士、先生们：

大家晚上好！

今天是个特别的日子，我们欢聚一堂，为祖国绿色军营中的××对新人举行集体婚礼，共同见证他们步入神圣的婚姻殿堂。在此，我对各位首长、战友们的到来表示最热烈的欢迎和最衷心的感谢，请让我们为这××对新人以及所有的来宾朋友们献上最热烈的掌声！

鹤舞楼中玉笛琴弦迎淑女；凤翔台上金箫鼓瑟贺新郎。今天，在我们长年共同战斗和生活的军营中，缔结了美好的姻缘。长天欢翔比翼鸟，大地喜结连理枝，让我们借一杯杯香醇的美酒，为这对新人献上一片片深情的祝福。

成家当思立业苦，举步莫恋蜜月甜。新婚是一个甜蜜的开端，是幸福生活的一个起点，而结婚也只是生活的一个驿站，是漫漫人生道路的一个小小的缩影。身为军人的我们，应当将婚姻当成事业的开端，而非终点。爱情也只有附丽于事业和责任之上，才能历久弥新。

身为军嫂的你们是伟大的。今后，你们可能会经历许多聚少离多的日子，可能会常常品尝离别与思念之苦。在家中，你们要独自挑起生活的重担，经营家庭、伺候双亲、哺育幼子。你们可知道，这一切牺牲换来的是祖国的和平与安宁。你们牺牲小家成就大家，军功章有你们的一半。

"两情若是久长时，又岂在朝朝暮暮"，身为军人的我常常会以这句诗来安慰自己。只要想到肩头的重大责任和使命，看到祖国各地的一派欢乐祥和，我们就会告诉自己，这一切都值！这样的婚姻，是伟大的婚姻，也是崇高的婚姻。

来日方长，愿你们成为生活和学习上的伴侣，在今后的日子里相互支持，相互勉励，像并蒂的莲花，像双飞的海燕，创造出比以往更加优秀的业绩。让我们共同举杯，为××对新人的新婚快乐、和谐美满，为他们的事业爱情双丰收，干杯！

同事祝酒词

范文一

【场合】新婚宴会。

【人物】新人、亲朋好友、同事。

【祝酒人】新郎同事。

【佳句妙言】你们领取婚姻殿堂的通行证后，一定要驾驭好婚姻这部车，行好万里路；一定要精心呵护这份感情，使其更加美满幸福。

尊敬的各位来宾，亲爱的女士们、先生们：

风和日丽红杏添妆，水笑山欢丹桂飘香。

在这曼妙美好的春日，我的同事××先生和××小姐缔结了幸福的婚约，携手迈入了圣洁的婚姻殿堂。我受新郎和新娘的委托，十分荣幸地担任他们的证婚人，内心无比的激动和喜悦。在这弥漫着浓浓喜气的结婚礼堂，庄严而神圣的婚礼仪式上，我们共同见证二位新人的婚约。作为证婚人，我首先祝贺两位新人新婚快乐，同时我也代表新郎新娘和他们的家人，向在座各位来宾的到来表示热烈的欢迎和深深的感谢！

新郎××先生今年××岁，在××单位从事××工作，担任××职务。他不仅外表长得英俊潇洒，忠厚老实，而且善良有爱心，为人和善；不仅工作上认真负责，任劳任怨，而且在业务上刻苦钻研，成绩突出，是一位才华出众的好青年。

新娘××小姐今年××岁，在××单位从事××工作，担任××职务。她不仅长得漂亮美丽，而且具有东方女性的内在美；不仅温柔体贴，而且品质高尚，心灵纯洁；不仅能当家理财，而且手巧能干，是一位多才多艺的好姑娘。

结婚作为人生当中的一件大事，两位一定要珍惜。以前你们只是在演习，现在是正式上岗了，拿到岗位证书，一定要就就业业。在以后的工作和生活中，你们俩一定要互敬互爱，孝敬公婆，处理好邻里关系，干好自己的分内工作，做到生活事业双丰收。你们领取婚姻殿堂的通行证后，一定要驾驭好婚姻这部车，行好万里路；一定要精心呵护这份感情，使她更加美满幸福。

最后，让我们共同举起手中的酒杯，为两位新人恩恩爱爱、地久天长，同时也为在座各位的家庭美满、幸福安康，干杯！

范文二

【场合】新婚宴会。

【人物】新人、亲朋好友。

【祝酒人】新娘同事。

【佳句妙言】两个人相识相知、相爱相恋，从播下爱情的种子，到细心呵护这颗种子生根发芽，最终长成参天大树，似乎冥冥之中，一直有着一种力量在指引他们，在引导他们，使他们这对命中注定的伴侣，最终合二为一，达成了人生的完整。

尊敬的各位领导、各位来宾，亲爱的女士们、先生们：

大家下午好！

今天是个特别的日子，我的同事××小姐和××先生在这美丽而庄严的礼堂里举行他们的婚礼。在这美好的日子里，我十分荣幸地担任了两位新人的证婚人。在此，我首先祝贺他们新婚快乐，祝福他们恩恩爱爱、甜甜美美。同时，请允许我代表新郎新娘和双方的家人，对在座各位来宾的到来表示热烈的欢迎和深深的谢意！

在这幸福的时刻，鲜妍美丽的花儿将礼堂点缀得多彩多姿，悠扬动人的歌曲使我们的心潮随之澎湃起伏。我们的新郎和新娘就像这世间最幸福的一对，共同带着来自亲朋好友的最真挚的祝福，踏入他们人生中最重要的驿站。望着他们幸福的神态和灿烂的笑容，我们打心里为他们感到高兴。这对新人的欢乐与幸福，为我们所有人的心中注入了新鲜快活的气息。

我们的新郎××先生是一位计算机工程师，而新娘××小姐则是一名人民教师。正所谓千里姻缘一线牵，是缘分以及双方相投的志趣使他们越走越近，最终紧紧地联系在了一起。两个人相识相知、相爱相恋，从播下爱情的种子，到细心呵护这个种子生根发芽，最终长成参天大树，似乎冥冥之中，一直有着一种力量在指引他们，在引导他们，使他们这对命中注定的伴侣，最终合二为一，达成了人生的完整。

　　作为新娘的同事，同时也是证婚人，在这个美好的时刻，我衷心地祝愿你们恩恩爱爱、白头偕老、甜甜蜜蜜、地久天长。

　　让我们共同举杯，为××先生和××小姐的幸福新生活，为他们的和谐美满，同时也为在座所有来宾的家庭幸福，干杯！

第四节　领导祝酒词

领导能够在百忙之中抽出时间来参加婚礼，这本身就说明领导对新人的关心和重视，而领导致辞则集中体现了这一点。好的领导致词不仅能给人关怀与祝福，还能够使领导与下属之间的关系更为密切，促进工作的顺利开展。比如，新郎公司领导可以这么说：借此机会，我要对××的新娘说几句，你眼光不错，××在我们单位是业务上的骨干，兢兢业业，每次都能认真出色地完成上级领导分配的任务，是领导眼中的好苗子。在生活中我相信你比我更了解他，他是个稳重、心细、宽容、体贴的好小伙，我相信你们的婚姻是天作之合，以后的人生会因为有彼此的陪伴而更加快乐，幸福！

公司领导祝酒词

范文一
【场合】婚宴。
【人物】新人及双方的亲友、嘉宾。
【祝酒人】新郎领导。

尊敬的女士们、先生们：

祥云绕屋宇，喜气盈门庭。今天是我公司员工××先生和××小姐新婚大喜的日子，作为公司领导，我首先代表公司全体员工恭祝这对新人新婚幸福，百年好合！白头到老！早生贵子！

天上的鸟儿成双对，地下的情人成婚配。从今天起，你们开始了新的生活。在这大喜的日子里，新人要反哺父母的养育之恩，铭记亲友的关爱之情，感悟幸福的来之不易。

另外，借此机会，我要对××的新娘说几句，你眼光不错，××在我们单位是业务上的骨干，兢兢业业，每次都能认真出色地完成上级领导分配的任务，是领导眼中的好苗子。在生活中我相信你比我更了解他，他是个稳重、心细、宽容、体贴的好小伙，我相信你们的婚姻是天作之合，以后的人生会因为有彼此的陪伴而更加快乐，幸福！

希望两位新人在今后的生活中，孝敬父母，尊敬长辈，细心呵护他们的健康。不能因为工作、生活疏忽了父母，要时刻感恩于父母，让他们时刻感受到你们带来的快乐、幸福！

鸳鸯对舞，鸾凤和鸣。祝愿你们永结同心，执手白头，祝愿你们的爱情如莲子般坚贞，可逾千年万载不变；祝愿你们在未来的风月里甘苦与共，笑对人生；祝愿你们婚后能互爱互敬、互怜互谅，岁月愈久，感情愈深，祝愿你们的未来生活多姿多彩，儿女聪颖美丽，永远幸福！

最后，我送给两位新人四句祝福，"相亲相爱好伴侣，同德同心美姻缘。花烛笑迎比翼鸟，洞房喜开并头梅"。

来，让我们共同举杯，让幸福的美酒漫过酒杯，祝愿你俩钟爱一生，同心永结，恩恩爱爱，白头偕老！也祝愿在座的各位事业顺心，万事如意，干杯！

范文二

【场合】婚宴。

【人物】新人及所有的亲朋好友。

【祝酒人】新娘领导。

各位来宾、朋友们：

大家好！在这美好的日子里，在这大好时光的今天，我代表新娘的公司同事在此讲几句话。据了解，新郎思想进步、工作积极、勤奋好学，是社会不可多得的人才，英俊潇洒也是有目共睹的。就是这位出类拔萃的小伙子，以他非凡的实力，打开了一位漂亮姑娘爱情的心扉。这位幸运的姑娘就是今天的女主角——我们公司的××。××温柔可爱、漂亮大方、为人友善、博学多才，是一个典型东方现代女性的光辉形象。××和××的结合真可谓是天生的一对，地造的一双。我代表×公司全体员工衷心地祝福你们：金石同心、爱之永恒、百年好合、比翼双飞！

×月初×，这个非凡吉祥的日子。天上人间最幸福的一对将在今天喜结良缘。新娘××终于找到了自己的如意郎君，当××告诉我们这个喜庆的消息时，整个办公室都沸腾了，大家都为××的幸福感到高兴。算起来，××在我们公司已经工作了×年，作为她的领导对她的为人处世也是非常了解。在公司里，××对工作一丝不苟、兢兢业业，总能出色地完成上级领导分配的任务，对待同事，更是体贴入微，同事有什么困难了，她尽其所能地帮助，有不错的人缘，总体来说是个懂事、美丽、大方、善良的好姑娘。××，在我们领导、同事的眼中也是个棒小伙，不仅英俊潇洒，而且心地善良、才华出众。在我们公司里总能见到新郎的身影，在路上也偶尔能见到二位幸福的背影，可谓是模范中的模范情侣，让我们单位多少人都羡慕。今天，二位长达×年的恋爱，修成正果，恭喜你们步入爱的殿堂！

展望新的生活，踏上新的征途。一个家庭好比一叶小舟，在社会的海洋里，总会有浅滩暗礁激流，只有你们携手并肩共同奋斗，前进路上才会有理想的绿洲。用忠诚与信赖，共同把爱的根基浇铸。

十年修得同船渡，百年修得共枕眠。无数人偶然堆积而成的必然，怎能不是三生石上精心镌刻的结果呢？用真心呵护这份缘吧。在这喜庆的日子里，愿你俩百年恩爱双心结，千里姻缘一线牵，海枯石烂同心永结，地阔天高比翼齐飞，相亲相爱幸福永，同德同心幸福长！

现在，我提议，首先向我们的新娘新郎敬上三杯酒。第一杯酒，祝愿你们白头偕老，永结同心！干杯！第二杯酒，祝愿你们早生贵子！干杯！第三杯酒，祝愿你们幸福永远！干杯！

其他领导祝酒词

范文一

【场合】婚宴。

【人物】新人及双方的亲友、嘉宾。

【祝酒人】领导。

尊敬的各位亲友、各位来宾：

今天既是瑞雪纷飞新年伊始，又是××和××二位同志新婚大喜的良辰吉日，我们大家来参加这二位同志的新婚典礼，心里非常高兴。

大家知道，新郎是一年前分配来的大学生，他才华横溢，脱俗不凡，真是"腹有诗书气自华"，深受学生爱戴、同行亲近、姑娘青睐。从名字就可知道他是一位心清如水、热情奔放的小伙子。而新娘也十分质朴、自然、诚挚和温柔，特别是她那"回眸一笑百媚生"的无比魅力，我敢说，风华正茂的小伙子见了，没有不为之倾倒的。让我们共同祝愿他们同心永结，天长地久。

范文二

【场合】集体婚礼。

【人物】××对新人、领导、亲朋好友。

【祝酒人】领导。

尊敬的各位来宾，各位朋友：

大家好！

双双珠履光门户，对对青年结凤俦。

今天是个喜庆的日子，我受重托，十分荣幸地担任××对新人结婚的证婚人。在这神圣而又庄严的婚礼仪式上，能为这××对郎才女貌、佳偶天成的新人致证婚词，我感到非常荣幸。

参加此次婚礼的××对新人，既有工作在企业战线的优秀员工，也有默默耕耘在三尺讲台上的辛勤园丁，还有金融机构、机关团体的优秀青年。在此次集体婚礼的活动中，他们既是参与者，又是积极、文明、健康文化消费的倡导者，他们敢于创新的精神风貌，积极进取的青春风采值得青年人学习。

经过主办单位考察核实，参加今天集体婚礼的××对新人都达到法定结婚年龄，办理了完备的结婚登记手续。他们的恋爱是真诚的，爱情是甜蜜的，婚姻是合法的。

甜蜜的爱情缔造美满的婚姻，美满的婚姻促成幸福的家庭，幸福的家庭促进成功的事业。幸福的家庭、成功的事业正是我们社会实现和谐进步和繁荣的保证。

作为他们的证婚人，我感到非常高兴。为他们能够结成夫妻表示衷心的祝贺。并希望各位新人在将来的家庭生活中，平等相待，互敬互爱，勤俭持家，敬老爱幼，共同建立文明和睦、温馨幸福的家庭，共同为我镇的精神文明建设贡献力量。

同时也希望各位新人在各自的工作岗位上，勤奋学习，扎实工作，在各自的事业上大显身手。不浪费光阴，不虚度人生，××年后，相信你们一定能为自己的事业成功而自豪，为自己的家庭幸福而骄傲。

最后，再一次祝福新人爱情常新，家庭幸福。

范文三

【场合】部队婚礼。

【人物】新人、战友、领导。

【祝酒人】部队领导。

尊敬的各位领导、同志们：

大家晚上好！

今天，我们绿色的军营披上了红色的盛装。又一对新人，在我们的共同见证下完成了他们生命中最重要的仪式。在此，谨让我代表各位战友向两位新人致以最真诚的新婚祝福，祝愿他们新婚快乐！

新郎××是我们团的一名优秀的战士，他在训练上争当标兵，在学习上处处领先，是我们的好战友、好同志和好朋友。新娘××是来自××市的一名人民教师，她在工作中兢兢业业，取得了有目共睹的好成绩，在生活中勤劳和善，受到了周围人的好评。

人们常说：军人的职业意味着牺牲，军人的妻子意味着奉献。而新娘××却深深理解身为一名军人的责任和使命。她体谅丈夫的工作，不惧距离的遥远，还给予了他许许多多的支持和鼓励。我们相信，新娘一定能够成为一名合格的军嫂。作为××的团长和战友，就姑且让我倚老卖老，以一名"过来人"的身份向你们提出几点希望吧。

首先，我希望你们在今后的婚姻生活中能够恩恩爱爱、和睦相处。婚姻是一门很大的学问，需要小两口一起用心去摸索、去学习。我希望你们之间相互包容、相互体谅，早日领会婚姻和爱情的真谛。

其次，我希望你们在婚姻的甜蜜中不忘事业的责任。真正美好的婚姻应该是事业的最有力的支柱，而非阻碍。身为军人和教师，你们更应当明白自己肩头上的责任。愿你们相互学习、相互鼓励，在事业上如荷花并蒂，如海燕双飞。

最后，让我们举起手中的酒杯，为这对新人的恩恩爱爱、百年好合，欢欢喜喜、千朝同乐，为他们的喜结缘盟永相爱，壮怀鹏志共双飞，干杯！

第五节　其他人员祝酒词

其他人员包括介绍人、嘉宾、伴郎伴娘，也包括老乡。这些人做祝酒词的时候，要注意自己的身份，措辞要严谨得体。比如，介绍人可以这么说：新郎××先生和新娘××小姐都是我的好朋友。作为介绍人，在这里，我先向大家介绍一下两位新人……

介绍人祝酒词

范文一

【场合】新婚宴会。

【人物】新人、亲朋好友。

【祝酒人】介绍人。

尊敬的各位领导、各位来宾，亲爱的女士们、先生们、朋友们：

大家晚上好！

今天是个美好的日子，是个特别的日子，是××先生和××小姐喜结百年之好的大喜日子。作为××先生和××小姐的结婚介绍人，我十分荣幸在这里发表讲话，为两位新人送上最美好的祝福。在这里，我首先祝新郎和新娘新婚快乐、恩恩爱爱、百年好合。同时，请允许我代表两位新人和他们的家人，向百忙中光临的亲朋好友、邻里乡亲，表示最热烈的欢迎和最衷心的感谢。

新郎××先生和新娘××小姐都是我的好朋友。作为介绍人，在这里，我先向大家介绍一下两位新人。

新郎××先生是我的高中同学，我们一同度过了三年的时光。在学校里，××先生不仅学习成绩名列前茅，在体育运动上更是佼佼者。平日里，他乐于助人，诚恳正直，是我们大家信任和喜爱的好同学、好朋友。参加工作之后，××先生取得的成绩是大家所有目共睹的，他兢兢业业、勤勤恳恳、刻苦钻研，得到了领导和同事们的一致好评。

新娘××小姐是我的同事。她美丽可爱、端庄贤淑、温柔善良、善解人意、为人诚恳、待人热情，在工作中认真负责，在业务上一丝不苟，在家中孝敬父母，在外与人为善。无论是在单位里还是在生活中，她都受到了人们的欢迎和喜爱。

新郎和新娘不仅郎才女貌，而且志趣和性情都十分契合。因此，我用心地把他们俩撮合在一起。他们从相识、相知，到相爱、相恋，如今终于修成正果，我感到由衷的激动和喜悦。

在此，我提议，让我们共同举起手中的酒杯，为新郎和新娘的喜结良缘，为他们的婚姻幸福、家庭美满，也为他们的夫唱妇随、白头偕老，干杯！

嘉宾祝酒词

范文一

【场合】新婚宴会。

【人物】新人、亲朋好友。

【祝酒人】证婚人。

尊敬的各位领导、各位嘉宾，女士们、先生们：

大家好！

不愿学鸳鸯卿卿我我浅戏水，有志学鸿雁朝朝夕夕搏长风。

今天，伴随着喜庆的《婚礼进行曲》，一对璧人走上了红地毯，接受亲朋好友的祝福。我受新郎××先生与新娘××小姐的重托，担任他们的证婚人。在这神圣而又庄严的婚礼仪式上，能为这对珠联璧合、佳偶天成的新人作证婚人，我感到分外荣幸。

新郎××先生今年××岁，现在××单位，从事××工作，担任××职务。新郎不仅英俊潇洒，而且才华出众。新娘××小姐今年××岁，现在××单位，从事××工作，担任××职务。新娘不仅漂亮大方，而且温柔体贴。

他们经过相知、相恋、相爱，缔结的婚姻符合《中华人民共和国婚姻法》的规定。本证婚人特此证明他们的婚姻真实、合法、有效。

作为证婚人，我不仅证明你们婚姻有效，还要向两位新人传授婚姻之道，希望你们受用。一般说来，美满的婚姻需经过三重境界：第一重，和自己相爱的人结婚，此次境界像沸水，呈现出婚姻的狂热和满足。第二重，和对方的生活习惯结婚，此次境界像温水，呈现出婚姻的宽容和互补。第三重，和对方的社会关系、亲情、友情结婚，此次境界像淡水，呈现出婚姻的智慧和领悟。希望你们今后做到：平平淡淡才是真、夫妻双双把家还、鱼水和谐百年恩。

最后，让我们共同举杯，祝愿两位新人心心相印，甘苦与共，恩爱永远，白头到老，早生贵子。祝愿各位宾朋身体健康、工作顺利、生活幸福。

范文二

【场合】新婚宴会。

【人物】新人、亲朋好友、来宾。

【祝酒人】来宾代表。

尊敬的各位来宾、朋友们，女士们、先生们：

大家好！

一尺竹笛箫，奏尽古今多少天下事；三尺红袖舞，引出天地无尽女儿愁。结婚是大喜的日子，是每个人生命中最重要的一个历程。婚姻就像一杯陈酿的美酒，历时越久，越是香醇。而这还得靠夫妻双方用心保藏，细细品尝。在此，我先祝愿两位新人新婚快乐，同时也对在座各位的光临表示热烈的欢迎和衷心的感谢。

婚姻，是人生中的一次重要的选择。通过这个神圣的典礼，我们将同自己的另一半紧紧地绑在一起。在做出这个约定时，我们都深深地相信，我们是彼此最挚爱的人，我们会相携相伴，走完一生。

在这个重要的时刻，我们都不会忘记邂逅时的美丽，约会时的浪漫，还有拥抱时的甜蜜。我们都不会忘记曾经一起走过的每一分、每一秒，不会忘记过去每一个美好的瞬间。如今步入了婚姻殿堂，我们将学会如何好好珍惜这一份感情，审慎地面对肩上的责任。

经历了新婚的浪漫和喜悦，或许，我们会慢慢褪去惊奇、褪去激情，不再波澜起伏，也不再荡起涟漪。或许，我们会开始抱怨对方的缺点、对方的人性。内心开始渐渐地失望，怀疑我们是否对婚姻和爱情有了过多的期待。于是，甜美的爱情在我们心中渐渐流逝、慢慢褪色。原来欢乐美满的婚姻中，开始有了哀伤。

然而，人生不正是如此吗？人生就像一幕幕电影，无论喜怒哀乐，都需要我们去用心演绎。没有一帆风顺的生活，也没有不经历风雨的爱情。然而既然选择了爱，就要同时选择付出，选择奉献，学会包容，学会体谅。婚姻和爱情是一门很深的学问，需要我们终其一生去学习。然而只要内心永远保留着对对方的那一份眷念，那一份关怀，还有什么是不能够满足的呢？

我祝愿这一对小夫妻相依相偎、相爱永远！

伴郎、伴娘祝酒词

范文一

【场合】新婚典礼。

【人物】新人、亲朋好友。

【祝酒人】伴郎。

尊敬的各位领导、各位来宾，女士们、先生们、朋友们：

大家下午好！

今天是个特别的日子，我们的好兄弟××先生将在这里完成他人生中最重要的仪式。在这庄严而神圣的时刻，××先生和××小姐手牵着手共同步入了圣洁的婚姻殿堂。作为新郎的好朋友，我在这里衷心地祝愿××先生和××小姐新婚快乐，愿你们恩恩爱爱、白头偕老。同时，请允许我代表两位新人和他们的家人，向在座各位来宾表示最热烈的欢迎和最诚挚的谢意！

大地香飘，蜂忙蝶戏相为伴；人间春到，莺歌燕舞总成双。

在这春暖花开的时刻，这对幸福的新人在这花香浓郁的礼堂中接受大家的祝福，这一刻，将在所有到场的朋友们的回忆中酿成永恒。

时间拉不开友谊的手，岁月填不满友谊的酒。亲爱的好兄弟，看到你如今带着幸福的笑容牵着新娘子的手站在礼堂上，我想起了以往我们一同度过的那些岁月，想起了我们在摸爬滚打中建立起来的深厚的情谊。作为你的朋友，我由衷地为你感到高兴。此时此刻，请让我再次向你们献上最诚挚的祝福，祝愿你们百年好合，相爱长久。在你们幸福的日子中，希望我的祝福随风捎去的是一份让你们珍藏，从而彼此珍惜的礼物。

我提议，让我们共同举起手中的酒杯，为新郎和新娘的喜结连理，为他们的新婚快乐，为他们的恩恩爱爱、和谐美满，为他们未来小日子如日中天、红红火火，同时，也为在座各位来宾朋友们的身体健康、家庭幸福，干杯！

范文二

【场合】婚宴。

【人物】新人、同学、亲朋好友。

【祝酒人】伴郎。

尊敬的各位来宾、朋友们：

大家好！

值此新婚之际，我代表所有来宾向两位新人表示祝贺，祝二位百年好合，天长地久。

作为新郎的同学和好友，今天担任伴郎一职，我感到十分荣幸。同窗十载，岁月的年轮记载着我们许多美好的回忆。曾经在上课时以笔为语、以纸为言，谈论着我们感兴趣的话题；曾经在宿舍内把酒问天，挥斥方道；曾经"逃课"去吃早饭、泡网吧，回来时在讲师严肃的目光下相视一笑，正襟危坐。可无论我们怎样的"不努力"，每次考试都名列前茅。

有一次我和×××闲聊，他说如果谈恋爱一定会去追××。如今，他成功了，如愿以偿地娶到了美丽而柔婉的××。他对爱情的执着和忠诚感染着身边的每个同学。

"名花已然袖中藏，满城春光无颜色。"结婚是幸福、责任和一种更深的爱的开始，请你们将这份幸福和爱好好地延续下去，直到天涯海角、海枯石烂，直到白发苍苍、牙齿掉光！今晚调皮璀璨的灯光将为你们作证，今晚羞涩地躲在云朵儿后的那位月老将为你们作证，今晚在座的所有捧着一颗真诚祝福之心的亲朋好友们将为你们共同作证。

面包会有的，牛奶也会有的。希望在未来的日子里，阳光洒满你们的小屋，快乐充满你们的心房。小两口的日子越过越火，快乐常在。

最后，让我们共同举杯，祝愿这对佳人白头偕老，永结同心！谢谢！

范文三

【场合】新婚典礼。

【人物】新人、亲朋好友

【祝酒人】伴娘。

亲爱的女士们、先生们，朋友们：

大家好！

伴随着阵阵和风，我们感受到了春天的气息。在这美好宜人的时刻，我们的朋友××先生和××小姐缔结了神圣的婚约，完成了他们生命中最重要的典礼。作为新娘××小姐的朋友，此时此刻，我感到由衷的激动与喜悦。在这里，我首先祝贺新郎和新娘新婚快乐、和和美美，地久天长。同时，请允许我代表两位新人和他们的家人，向在座各位来宾的光临表示最热烈的欢迎和最衷心的感谢。

百年恩爱双心结，千里姻缘一线牵。

凤凰双栖桃花岸，莺燕对舞艳阳春。

我所认识的新娘××小姐，不仅美丽可爱，而且贤惠端庄，在这里向你们二位表达我的祝福，带来我真挚的祝愿。新郎的潇洒、新娘的美貌可谓郎才女貌，佳偶天成，他们是这里最美丽、最温馨的画面。××找到了与自己相伴一生的人，我替她感到由衷的开心。还记得，我们在大学期间，一起憧憬过心目中白马王子的标准，××说她的白马王子要稳重、帅气、潇洒、体贴、宽容……今天，××的愿望终于实现了，她找到了属于她生命中的那个人，这个人就是你——××！

人海茫茫，你们只是沧海一粟，由陌路而朋友，由相遇而相知，由相知到相爱，谁说这不是缘分？路漫漫，岁悠悠，世上不可能还有什么比这更珍贵。希望新郎对××要用百分百的真心去呵护，让她成为你心中的宝贝，无论贫富、疾病、环境恶劣、生死存亡，相爱永久，相伴永生！

××，今天我作为你幸福的见证者，为你祝福，为你欢笑，因为在今天，我的内心也跟你一样的欢腾、快乐！祝你们，百年好合！白头到老！愿你俩珍惜爱情，像珍惜着宝藏，轻轻地走进这情感的圣殿，去感受每一刻美妙时光。愿你俩用爱呵护着对方，彼此互相体谅和关怀，共同分享今后的苦与乐。

　　来，让我们高举酒杯，祝愿这对新人相亲相爱幸福永，同德同心幸福长。愿你俩情比海深！祝你们永远相爱，携手共度美丽人生。干杯！

第三章　社交祝酒词

　　俗话说得好：无酒不成欢。社交是人们沟通思想和感情的纽带，而酒则是社交场合的"宠儿"。在不同的社交场合，要根据当时的具体情况发表祝酒词，因地制宜、因时制宜。只有这样，才能有的放矢，达到自己预想的目的。社交祝酒词中，一是要表达出参加此次聚会的荣幸之意，二是要回顾彼此之间的友谊，最后要表达出对在场人的祝福，以及对未来的美好展望。

第一节　聚会祝酒词

聚会是一种比较常见的社交方式，朋友、同学、老乡等聚会，这类聚会比较活泼，参与者大都是平级。因此，在这种场合中，祝酒词一般比较自由，只要表达出内心的感情，以及对参与者的祝福即可。师生聚会、企业年终聚会等，这类聚会因为有老师、领导的参加而显得正式一些，在这种场合中，祝酒词除了表达祝福之外，还要表达出对老师、领导的敬意和感谢。

升学宴会祝酒词

【场合】升学宴会。

【人物】家人、亲朋好友、老师。

【祝酒人】妈妈。

尊敬的各位领导、亲爱的朋友们：

大家好！

今天的宴会大厅因为你们的光临而蓬荜生辉，在此，我首先代表全家人发自肺腑地说一句：感谢大家多年来对我女儿的关心和帮助，欢迎大家的光临，谢谢你们！

这是一个秋高气爽、阳光灿烂的季节，这是一个捷报频传、收获喜讯的时刻。正是通过冬的储备、春的播种、夏的耕耘、秋的收获，才换来今天大家与我们全家人的同喜同乐。我在此感谢老师！感谢亲朋好友！感谢所有的兄弟姐妹！愿我们的友谊地久天长！

女儿，妈妈也请你记住：青春像一只银铃，系在心坎，只有不停奔跑，它才会发出悦耳的声响。在大学的殿堂里，以科学知识为良种，用勤奋做犁锄，施上意志凝结成的肥料，去再创一个比收获的季节更令人赞美的金黄与芳香。

现在我邀请大家共同举杯，为今天的欢聚，为我的女儿考上理想的大学，为我们的友谊，还为我们和我们家人的健康和快乐，干杯！

高中同学聚会祝酒词

【场合】同学聚会。
【人物】高中同学。
【祝酒人】主持人。

各位同学：

时光飞驰，岁月如梭。毕业18年，在此相聚，圆了我们每一个人的同学梦。感谢发起这次聚会的同学！

回溯过去，同窗三载，情同手足，一幕一幕，就像昨天一样清晰。

今天，让我们打开珍藏18年的记忆，敞开密封18年的心扉，尽情地说吧、聊吧。诉说18年的离情，畅谈当年的友情。让我们尽情地唱吧、跳吧，让时间倒流18年，让我们再回到中学时代，让我们每一个人都年轻18岁。

窗外满天飞雪，屋里却暖流融融。愿我们的同学之情永远像今天大厅里的气氛一样，炽热、真诚；愿我们的同学之情永远像今天窗外的白雪一样，洁白、晶莹。

现在，让我们共同举杯：为了中学时代的情谊，为了18年的思念，为了今天的相聚，干杯！

师生聚会祝酒词

【场合】师生聚会。
【人物】大学同学、老师。

【祝酒人】主持人。

亲爱的老师们、同学们：

10年前，我们怀着一样的梦想和憧憬，怀着一样的热血和热情，从祖国各地相识相聚在××。在那四年里，我们生活在一个温暖的大家庭里，度过了人生中最纯洁、最浪漫的时光。

为了我们的健康成长，我们的班主任和导师为我们操碎了心。今天我们特意把他们从百忙之中请回来，参加这次聚会，对他们的到来我们表示热烈的欢迎和衷心的感谢。

时光荏苒，日月如梭，从毕业那天起，转眼间十个春秋过去了。当年十七八岁的青少年，而今步入了为人父、为人母的中年行列。

同学们在各自的岗位上无私奉献，辛勤耕耘，都已成长为社会各个领域的中坚力量。但无论人生浮沉与贫富贵贱，同学间的友情始终是淳朴真挚的，而且就像我们桌上的美酒一样，越久就越香越浓。

来吧，同学们！让我们和老师一起，重拾当年的美好回忆，重温那段快乐时光，畅叙无尽的师生之情、学友之谊吧。

为10年前的"有缘千里来相会"、为永生难忘的"师生深情"、为人生"角色的增加"、为同学间"淳朴真挚"的友谊、为同学会的胜利召开，干杯！

战友聚会祝酒词

【场合】战友聚会。
【人物】老战友。
【祝酒人】主持人。

老战友们：

晚上好！

在这个欢聚时刻，我的心情非常激动，面对一张张熟悉而亲切的面孔，心潮澎湃，感慨万千。

回望军旅，朝夕相处的美好时光怎能忘，苦乐与共的峥嵘岁月，凝结了你我情深意厚的战友之情。

二十个悠悠岁月，弹指一挥间。真挚的友情，紧紧相连，许多年以后，我们战友重遇，依然能表现难得的天真爽快，依然可以率直地应答对方，那种情景让人激动不已。

如今，由于我们各自忙于工作，劳于家事，相互间联系少了，但绿色军营结成的友情，没有随风而去，它已沉淀为酒，每每启封，总是让人回味无穷。今天，我们从天南海北相聚在这里，畅叙友情，这种快乐我们将铭记一生。

最后，我提议，让我们举杯，为我们的相聚快乐，为我们的家庭幸福，为我们的友谊长存，干杯！

老乡聚会祝酒词

【场合】老乡聚会。
【人物】同乡、嘉宾。
【祝酒人】主持人。

各位同乡、各位嘉宾：

大家晚上好！

华灯璀璨，美酒飘香。在这个美好的夜晚，大家带着对故土的深深眷恋、切切深情，相聚一堂，共叙心曲，在此，我代表家乡人民对各位的到来表示衷心的感谢！

参天之树，必有其根；怀山之水，必有其源。各位虽身居异地，却时刻念记着家乡、祝福着家乡，家乡更因你们的鼎力支持愈加富裕安康。

有缘千里来相会。今晚，同一片乡土拉近了我们，使这里成了家的世界、情的海洋。今晚，同一句乡音融合了我们，使这里欢声阵阵、亲情荡漾。今晚，同一份乡情凝聚了我们，使这里激情飞跃、豪情万丈！

现在我提议，为各位的发达、为家乡的腾飞，干杯！

公司年终酒会祝酒词

【场合】年终酒会。

【人物】公司领导、职工。

【祝酒人】公司领导。

同志们、朋友们：

今晚，我们欢聚在这里，共度迎接新年的美好时刻。此时，抚今追昔，我们感慨万千；展望前程，我们心潮澎湃。

即将过去的××××年，是电力行业实施改革与发展战略承上启下的一年；是全局职工迎接挑战、经受考验、努力克服困难、出色完成全年任务的一年。

回顾过去的一年，我们在争创一流、电网改造中取得了突破性进展；电费回收、增供扩销呈现出近年最好势头，我局售电量实现××亿这一历史性突破已成定局；我们在多经改制、体制改革中成绩斐然，体制创新走在省直属供电企业的前列；我局的双文明建设取得的突破和收获，得到了省公司主管部门的高度赞扬和充分肯定。以上这些累累硕果，都与全体干部职工所付出的艰辛和努力密不可分，与我们顽强拼搏、开拓创新、无私奉献的敬业精神密切相关。这种艰辛和努力将功垂局史，这种敬业精神令人敬佩。

在此，我代表局党政班子全体成员向为我局建设和发展做出贡献的全体干部、职工以及你们的家属表示亲切的问候和衷心的感谢！

同志们，新的一年即将来临，我们在品尝美酒，分享胜利喜悦的同时，还要清醒地认识到：我国加入世贸组织后，电力企业将面对广泛的机遇和严峻的挑战。我们必须抓住新机遇，迎接新挑战，以高度的使命感和责任感来推进我局的改革和发展，承担起历史赋予我们的神圣使命。

朋友们，再过二十几个小时，和着新年的钟声，我们将携手跨入崭新的一年。我坚信，有省公司的正确领导，有全局广大干部职工的众志成城，我们的目标一定会实现，我们的企业一定会不断发展壮大，我们一定能铸就新的、更加壮美的辉煌。

最后，让我们共饮庆功美酒，祝愿各位新年快乐，身体健康，家庭幸福，事业成功！

第二节　离别祝酒词

　　离别之时，依依不舍，只有用酒才能表达出对要离开的人的无限留恋。离别祝酒词要根据场合、地点、人物的不同有所区别。一般说来，离别祝酒词包括以下几点：

　　一是表达惜别之情。中国人向来重视情谊，所以，欢送词要表达出自己的不舍，但要注意格调不要过于悲伤。

　　二是回顾交往过程。重温友谊，能够加深彼此之间的情感，烘托出离愁别绪。这时要注意采用口语化的语言，遣词造句要自然得体。

送友人祝酒词

　　【场合】宴会。
　　【人物】友人。
　　【祝酒人】师兄。

各位师傅、各位朋友、各位兄弟：

　　今天，各位师兄弟、各位朋友共同置酒为××兄弟饯行，我们大家以这一大碗酒为他的远行壮行色、添豪情，以酒表达心声。

　　这碗酒里饱含了大家的祝福，大家的希冀，大家一起走过的这些日子里最珍贵的手足之情。在这离别之际，我要说，你从来都是咱们厂的精英。

　　所以，我们希望你不论到哪儿，都别低估了自己。许多人未成大事，都是因为他们低估了自己的能力，妄自菲薄。世界著名企业家希尔顿曾说过，一块价值5元钱的生铁，铸成马蹄铁后可值10.5元，制成工业用的磁针之类能值3000多元，倘若制成手表发条，其价值就是25

万元。你的潜力即使不足以制成发条，肯定也不只是打块马蹄铁。

踏上征途应聘之日，就是每一块生铁无限增值之时。要正确估量自己的潜力，奋力拼搏，不懈努力。我们相信，你一定能创造出新的奇迹！现在请大家端起酒碗，以我们工人的豪迈，哥们的豪爽，手足的深情干了这碗壮行酒。

为××兄弟乘风破浪行万里，一路顺风，为他万事顺心，前程似锦，干杯！

爱人送行祝酒词

【场合】给爱人送行。

【人物】夫妻、亲朋好友。

【祝酒人】丈夫。

亲爱的老婆大人，各位朋友：

大家好！

在这美好的时刻，首先，请允许我代表我的爱人向各位的到来表示衷心的感谢和热烈的欢迎！感谢你们的一片真情，感谢你们带来的浓浓祝福，我相信大家真诚的话语会变成××勇往直前的强大动力，促使她学业有成，创造佳绩！

此情此景，我突然想起这句诗："此情若问在之心，永世不变胜之金，相伴相随快乐日，指手相看白双鬓。"这是一位诗人为了表达对爱人忠贞不渝的爱而写的一首诗，现在，我把这首诗郑重地送给我的老婆大人！另外我要对老婆说，"××，有你的时候，你就是一切，没你的时候，一切都是你！"

××要去美国学习了，这是她人生中一段十分重要的旅程，是她靠着自己的辛苦付出得到的机会，是她工作的新起点。可一想到老婆就要离开××个月，心里多少有些不舍。依依不舍尽在不言中，千山万水总是情。但是再多的不舍我也只能化作对老婆的默默支持，加油吧，老婆，我是你的强大后盾，我相信凭着你的实力和努力会让你离心中的梦想更近。同时，我希望你到美国后，能学习好，生活好，休息好；希望你每天睡的地方有永恒的温暖。那里晴空丽日，暖如阳春，无雪无霜，无风无雨；那里有我的温暖为你衡温，有我的心跳为你催眠；那里有朋友真诚的祝福，无论天涯海角，我们永远都和你在一起！

我提议，让我们共同举杯，第一杯酒，为××，愿我的老婆大人一帆风顺，一路平安，干杯！第二杯酒，祝愿在座的亲朋好友一帆风顺、二龙腾飞、三阳开泰、四季平安、五福临门、六六大顺、七星高照、八方走运、九九同心！干杯！第三杯酒，为我们大家深厚的友谊，干杯！

升学饯行祝酒词

【场合】送行宴会。
【人物】家人、亲朋好友、各位来宾。
【祝酒人】朋友。

尊敬的各位来宾，女士们、先生们：

在这金秋送爽、锦橙飘香的日子，我们欢聚一堂，恭贺××、××夫妇的公子××金榜题名，高中××大学。承蒙来宾们的深情厚谊，我首先代表××先生、××女士、××同学对各位的到来，表示最热诚的欢迎和最衷心的感谢！

所谓人生四大喜事："久旱逢甘露，他乡遇故知，洞房花烛夜，金榜题名时。"我们恭喜××成功地迈出了人生的重要一步。

朋友们，十年寒窗苦，在高考考场过五关斩六将的××同学此时此刻的心情是什么？春风得意马蹄疾，一日看尽长安花。我提议，第一杯酒，为英才饯行！同学即将远离亲人，远离家乡挑战人生，请接受我们共同的祝福：海阔凭鱼跃，天高任鸟飞！

第二杯酒，祝愿××全家一帆风顺、二龙腾飞、三阳开泰、四季平安、五福临门、六六大顺、七星高照、八方走运、九九同心！

第三杯酒，祝各位来宾四季康宁，事事皆顺！

朋友们，干杯！

老师送学生祝酒词

【场合】宴会。
【人物】老师、学生。
【祝酒人】老师。

同学们：

今天是个难忘的日子，我们欢聚在一起为你们祝福。明天，你们即将离开学习生活了三年的母校，走向更高的学府去深造。你们中学的台阶从这里走过，我相信，将来我们每一个老师都会为你们所取得的成绩而骄傲。作为语文老师，我要对你们说的是，人生的关键在于毅力，要有坚韧不拔的精神。你们看那流水，不懈地冲开阻挡它的高山，就是为了有一天能投奔江河。再看那雄鹰，不懈地搏击长空，那是它生命的意义，只有坚持，才是永恒。对于我们人类来讲，人生的真正价值在于不懈努力和奉献，为此，我祝福你们：

人生像金，要珍惜。希望你们珍惜时间，珍惜青春，珍惜爱情、生命。努力奋斗，你们就会变得充实、坚固、丰富、凝重——拥有金子一样的生命。

人生像木，要长进。一颗种子随风落下，不论在石缝里，还是山岩下，不畏艰险的环境，饱吸阳光雨露，不畏风霜雷电，终于石破天惊，成长为一棵浓荫遮地的大树。

人生像水，要适应。水从容大度，不分昼夜奔流，能适应任何环境。适应也是克服，"水滴石穿"——这就是柔性、耐心。人生天地间，困境、逆境是寻常事，重要的是要有水的心情、水的柔韧性、水的涵养、水可大可小的气度、水奔流到海不复回的精神。

人生像火，要投入。像火的燃烧，热情美丽。人要想做成几件事就得全身心地投入、付出、牺牲。燃烧自己，才能拥有生命的壮丽辉煌。

人生像土，要浑厚。土无处不在，土随遇而安，朴素无华，根基结实。贫贱不能移，富贵不能淫，威武不能屈，永远保持自己的本色。

请大家共同举杯，希望每一位同学像金子般到哪里都发光；像树木般永远奋发向上；像水流般柔韧大度；像火焰般永远热烈；像土地般坚实浑厚。干杯！

教师饯行祝酒词

【场合】送行宴会。

【人物】学校领导、老师。

【祝酒人】领导。

尊敬的××博士，尊敬的朋友们、同志们：

大家好！

××博士结束了在我校为期三年的执教生活，近日就要回国了。今天我们备此薄餐，为××博士送行。三年来，××博士以出众的才智和辛勤的工作，赢得了全校师生的信赖与尊敬，他所做的几次学术报告，开阔了我们的视野，推动了学校的教学改革，对此，请允许我代表全体师生对××博士再次表示感谢！在三年的教学工作和日常交往中，××博士与学校师生诚挚交流，以友相待，结下了深厚的友谊，我们为此而感到高兴。

中国有句古话叫"海内存知己，天涯若比邻"，千山万水无阻于我们友谊的发展，隔不断彼此之间的联系，我们期望××博士在适当的时候再回来做客、讲学。在××博士即将踏上回程的时候，请带上我们全体师生的深情厚谊，也请给我们留下宝贵的意见和建议。

只要感情有，喝啥都是酒。喝酒不喝白，感情上不来！请大家一起举杯！

欢送老校长宴会祝酒词

【场合】送行宴会。

【人物】学校领导、老师。

【祝酒人】主持人。

同志们：

今天，我们怀着依依惜别的心情在这里欢送××校长去××中学任职！

××同志在××中学工作十年期间，工作认认真真、勤勤恳恳，分管教育、教学工作成绩突出，实绩优异，为学校的发展做出了很大贡献，让我们代表三千多名师生以热烈的掌声向××校长表示衷心的感谢！同时，我也衷心地希望××校长今后继续支持关心××中学的发展，也希望××中学与××中学结为更加友好的兄弟学校，更希望您在百忙中抽空"回家"看看，因为这里有您青春的倩影，这里是您倾注过心血和汗水的第二故乡。

下面，我提议，为了××校长全家的健康幸福、为了我们之间的友谊天长地久，干杯！

洽谈成功送行祝酒词

【场合】洽谈成功送行宴会。

【人物】宾、主双方及随行人员。

【祝酒人】东道主。

尊敬的××总经理、各位来宾：

经过×天的相处，我们不仅愉快地商讨了双方合作的框架和具体细节，并且结下了深厚的友谊。但天下没有不散的宴席，今天，我们怀着惜别的心情备酒祝贺合作协议的签订，同时也为××总经理饯行。

短暂的×天相处，使我们有幸见识了××总经理的远见卓识和无限魅力，我们相信××总经理的选择将会给贵公司带来丰厚的经济收入，更加坚信经过这次合作，我们还会有更多次的合作。在与××总经理一行的洽谈中，我们领教了××总经理手下职员的工作能力，他们不仅精

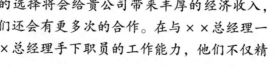

明干练，做事更是坚决果断，正所谓"强将手下无弱兵"，××总经理的领导能力可见一斑！

朋友们，天公似乎也通人性，这蒙蒙细雨恰好表达了送别的淡淡离情。但今天不是彼此离别的日子，我相信这一天恰恰是我们深厚友谊结交的第一天，具有纪念意义的一天。让我们一起记住这个难忘的日子：××××年××月××日！

这几天，我们一直忙于合作事宜，忙于谈判细节，无暇顾及左右，更谈不上把酒畅谈、品尝当地的特色菜了。今天，让我们把生意暂且放下，尽情享受合作成功的喜悦。希望各位在这里玩得开心，吃得尽兴，喝得愉悦。

朋友们，请大家共同举杯：为我们合作愉快，为我们的友谊地久天长，为××总经理等人回程一路顺风，为我们共同发财致富，干杯！

第三节　座谈会祝酒词

座谈会是一种邀请有关人员交谈讨论某一专题的会议，通常以茶会的方式进行，同时备有点心招待大家，气氛十分轻松。座谈会一般至少有4位访问者，至多有8～12位被访者共同讨论议题，此外还要有一名主持人主持。座谈会开始时主持人一般都要祝酒，在祝酒过程中简要说明会议的宗旨、时间、出席单位或个人、会议内容、原则。在引导座谈讨论过程中，要就重点、难点或不清楚的问题，启发思路，让大家畅所欲言，并归纳、整理、重述结果。

春节部队座谈会祝酒词

【场合】座谈会。
【人物】××地领导、××部队首长、士兵。
【祝酒人】××部队军人代表。

尊敬的各位领导、部队首长、同志们、嘉宾们：

大家晚上好！

金×送春，辞旧迎新，在今天这个喜庆的日子里，我们有幸请来了××地委、行署领导及各位嘉宾，欢聚一堂，共同欢度春节。在此，我谨代表××旅党委、机关和全体官兵，对各位领导的莅临表示最热烈的欢迎，并致以崇高的敬意！

××××年，经过我旅全体官兵的努力，部队全面建设取得长足进步，取得了丰硕的成果。……这些成绩的取得，离不开××军区党委的正确领导，也离不开××地委、行署和友邻部队的关怀和帮助。

目前，××地区的政局稳定、社会进步、经济繁荣、人民安居乐业，正处于民族团结、边防巩固的局面，但我旅全体×××位官兵丝毫不懈怠责任，仍会一如既往地站在党和国家长治久安的高度，紧紧团结在党中央周围，遵循××军区党委的正确领导，用部队的高度稳定和集中统一，来促进社会稳定和边防稳定。我们一定不辜负各位领导的期望，将××地委、行署和人民群众的关怀和信任，兄弟部队的鼓励，化为我们前进的动力，给××地区父老乡亲，给各位领导交一份满意的答卷，以优异成绩回报社会各界，报效祖国。

最后，我提议，让我们共同举杯：为了××地区美好的明天、为在座各位的身体健康、家庭幸福，干杯！

企业家座谈会祝酒词

【场合】座谈会。

【人物】企业家、嘉宾。

【祝酒人】开发区企业家代表。

各位企业家，女士们、先生们：

大家晚上好！高朋满座，其乐融融！今天，我们开发区的企业家欢聚一堂，举行以"××××，××××"为主题的新春座谈会。首先，我对大家的到来表示衷心的感谢！对大家在过去一年取得的成绩表示热烈的祝贺！

企业是社会的细胞，财富的源泉，从一定程度上说，企业家是社会最重要的财富，也是最重要的人才之一。正是这些人才的聚集，才促进了××开发区的快速发展。××××年××开发区社会各项事业蓬勃发展，基础设施建设有序推进，基本形成了"××××"的发展格局，大胆创新的理念给××开发区带来了新的发展契机，直接推动了××地区经济的发展，成为各地开发区效仿的模范。

回首过去的×××年，我们满载而归，展望××××年，我们踌躇满志。掐指算来，××开发区走过了××年的风雨历程，取得现在的成绩，是大家有目共睹的。这其中凝聚了在座各位的艰辛劳作，倾心付出，在此，我再次向各位企业家表示崇高的敬意！谢谢你们！

××年刚过，我们迎来了××年，这一年我相信会有更多的优秀企业家加入到我们的队伍中，在××开发区抓住机遇，寻找发展契机，共同促进××地区经济的发展，造福人民。让我们携手将××开发区的明天打造得更加美好！

最后，让我们高举酒杯，为过去的辉煌，为××开发区更加灿烂的明天，为在座嘉宾的事业成功，干杯！

劳模座谈会祝酒词

【场合】劳模座谈会。
【人物】公司领导、先进代表。
【祝酒人】总经理。

同志们：

今天是五一国际劳动节，我们欢聚一堂，畅谈感想，共话未来，共同庆祝这个全世界工人阶级和劳动群众自己的光辉节日。借此机会，我代表公司党政工组织和全体班子成员向辛勤工作在公司各条战线、各个岗位的全体职工致以节日的问候，向在座的各位先进代表表示崇高的敬意！

借此机会，我就进一步弘扬劳模精神、向先进模范人物学习、发挥先进人物的作用等方面提几点希望和要求：

一、要学习他们爱岗敬业、艰苦奋斗、勤奋工作、无私奉献的优秀品德。

二、要学习他们紧跟时代、勤奋学习、刻苦钻研、敢为人先的创新精神。

三、要学习他们严于律己、顾全大局、积极向上、团结协作的优良作风。

在此，也希望我们各级各类先进及模范人物继续保持和发扬勇于创新、知难而进、一往无前、艰苦奋斗、务求实效、爱岗敬业、无私奉献的以公司发展为己任的主人翁精神，为企业三个文明建设再创佳绩，再立新功。

最后，我提议让我们斟满酒、高举杯，再次向大家致以节日的问候，祝大家节日愉快、身体健康、家庭幸福。

谢谢大家！

医院新同事座谈会祝酒词

【场合】医院新员工座谈会。

【人物】医院新、老员工。

【祝酒人】同事。

各位新同事：

大家下午好！

首先自我介绍一下，我是××科室的护理员。作为一名护士，我已经在这所医院工作三年了。这三年中，我一直觉得自己工作得很开心，也许有忙、累、苦，但是心灵却不觉得疲惫。对此，我是这样理解的，因为自己的理念和文化取向能跟医院的工作文化达成一致，才会让我有一种快乐工作的内心感受。或者说，我喜欢这所医院，是因为喜欢××医院的文化。今天，我想和大家一起分享我所感受到的医院文化。

新人刚进医院，都想尽快适应工作，适应工作包括学习工作所需要的技能、知识。但有时会有这样的问题，即使你会做所有的工作，你仍然觉得自己并不能融入工作团队中，在人群中，会时不时地感到孤独。那么，怎样和新的同事很快拥有共同的工作语言，拥有一份工作的默契，在精神气质上体现出你是××医院的员工呢？我想，只有真正融入医院的主流文化当中，你才能真正适应新的工作，并且，能够在这个团队中，发挥你的更多作用，使自身得到发展。

总之，希望各位在工作中时时以医院的文化理念为先，给病人全面的关爱和治疗，同时也祝各位在医院工作生涯中，获得个人的成长，感受到人生的充实和愉悦，心灵的宁静和快乐。

最后，祝愿大家身体健康、万事如意，干杯！

健康人生座谈会祝酒词

【场合】宴会。
【人物】医院工作人员及公司的企业家。
【祝酒人】医院院长。

尊敬的各位嘉宾，各位朋友：

大家晚上好！今天，我非常荣幸能够与各位公司总经理、工厂厂长等成功企业家欢聚一堂，畅谈健康理念，追求健康人生！首先，我谨代表××医院全体工作人员对各位嘉宾的光临表示衷心的感谢和热烈的欢迎。

过去的×××年，在各位董事长、总经理、工厂厂长等企业家的大力协作和关怀下，××医院秉承健康的理念，遵循优质服务原则，无论是在学术理念上，还是人才理念上，抑或医院设备上，都得到了飞跃的提升。为了给病人提供更专业、更到位的服务，引进大量的先进医疗设备；为了奠定××医院医疗阵营，我院×月特成立了××医院体检中心，服务大众；为了使"热爱生命、关注健康"的理念顺利无阻地进入市场，进入千家万户，我们与镇内各位公司总经理、工厂厂长等企业家建立了合作同盟，保障了工作的顺利开展。

丰硕成果的背后离不开各位董事长、总经理、工厂厂长等企业家的厚爱，离不开××医院全体员工的倾心付出，离不开各位优秀同行的协同合作，在这里，我再一次对各位表示深深的感谢！

再过×天就是×××年了，希望大家在新的一年里，仍能一如既往地关注、支持、帮助我们，我院全体员工将用最优质、最贴心的服务，最专业、最到位的技术，为××人民服务。

最后，我希望大家能在这里度过温馨快乐的一晚，另外，特别嘱咐一句，美酒虽好，但不要贪杯啊！来，让我们举起酒杯，祝各位身体健康、家庭幸福，干杯！

第四章　庆典祝酒词

庆典一般包括表彰典礼、奠基、揭牌、授牌仪式、周年庆典等活动。对于个人来说，这些是人生中不可磨灭的印记；对于集体来说，则具有重大的纪念意义。喜庆的场合当然少不了酒来助兴，根据具体情况，获奖者、领导或者嘉宾都会发表祝酒词，一则恰当的祝酒词会活跃现场气氛，表达出祝辞人对个人或者集体的美好祝福和愿望。

第一节 颁奖典礼祝酒词

颁奖典礼通常是为了表示组织对个人或者集体的一种嘉奖而举行的庆典，一般来说场合较为正式。根据不同情况，在颁奖典礼上，领导、主办方，或者获奖人都有可能发表祝辞，由于主体不同，祝酒词会有一些差异。如果是领导以及主办方负责人发表祝辞，首先会说明此次颁奖典礼的目的以及意义，其次要对相关领导或组织单位表示感谢，最后是对获奖者的祝贺。如果是获奖者发表获奖感言，除了包含以上的前两点，还应谈谈自己的工作和学习经历，以及自身的感悟。结合自身的经历，不仅能使人感同身受，还能对参与者起到一定的鼓励作用。

颁奖大会主办方祝酒词

【场合】××颁奖大会露天宴会。

【人物】县领导、各界人士。

【祝酒人】主办方负责人。

尊敬的各位领导、各位来宾，亲爱的女士们、先生们：

大家下午好！

微风习习、水波不兴，在风光宜人的××湖沿岸，我们共同举办第××届××颁奖大会。此时此刻，碧水蓝天，相映成辉，不是春光，胜似春光，在这高朋满座的大会现场，我们怀着愉悦的心情，共同期待着颁奖大会的召开。这里，有百忙中受邀前来的各位领导、嘉宾，有千里迢迢远道而来的尊贵的客人，还有我县热情好客的广大人民。在此，谨让我代表本次活动的主办方，向在座各位来宾朋友的亲切光临，表示最热烈的欢迎和最衷心的感谢！

本次颁奖活动的举办，受到了我县各级领导的亲切关怀，同时受到了诸位优秀的企业家的大力支持。本次××颁奖大会的举办，延续了几年来的优良传统，继续大力推进和弘扬我县的××事业，促进和鼓励各位杰出的业界人士在事业上再创辉煌佳绩。今天获奖的各位人士，都是业界优秀的精英和翘楚，是××行业杰出的代表和领头羊。对于他们在我县××行业所做出的伟大贡献，我们在此表示衷心的感谢，希望你们勇于进取、开拓创新、百尺竿头更进一步，创造出更加优异的业绩。对此，我们都翘首以待。

本次××颁奖活动同时还是为了通过颁奖的形式对我县广大民众进行鼓励和鞭策，希望他们在我县政策的倾力支持下，借着良好的东风，努力进取，不断开拓和挖掘自身的潜力，成为我县××事业的生力军和接班人，为我县的××事业贡献出自己的一份力量，同时实现自己的伟大梦想。

我们有理由相信，此次活动的举办，必将加深各位领导和嘉宾的友谊，必将对我县人才的成长起到良好的鼓励和促进作用，必将使我县的××事业更快、更好、更健康地发展。让我们拭目以待！

最后，让我们共同举杯，为我县人才辈出，也为预祝此次颁奖大会取得圆满的成功，干杯！

杰出青年颁奖晚会祝酒词

【场合】颁奖晚会。
【人物】县团委领导、优秀青年代表、来宾。
【祝酒人】县团委书记。

尊敬的各位领导、各位来宾、青年朋友们：

晚上好！

在纪念伟大的五四运动××周年之际，我们聚集一堂，举行庆五四"××杯"杰出青年颁奖晚会，我谨代表县团委向全县广大团员青年致以节日的问候，向一贯重视、关心和支持共青团工作的各级领导和社会各界人士表示衷心的感谢！

当代的××青年，是跨世纪的一带青年，你们幸运地站在21世纪的舞台上，时代为你们提供了建功立业、展示风采的大好时机，你们应该携起手，共同肩负起新世纪的历史责任，充分发挥自己的聪明才智，努力拼搏，为××经济的发展贡献青春和力量！

青年朋友们，"志若不改山可移，何愁青史不书功"。时代赋予了我们光荣的使命，让我们积极响应县委、县政府的号召，以杰出青年为楷模，求真务实，开拓进取，在××建设的伟大征程中建功立业，大显身手。

最后，让我们高举酒杯，预祝各位青年朋友节日愉快，事业有成。

谢谢大家！

教师节表彰大会祝酒词

【场合】表彰大会。
【人物】地方领导、××学校领导、师生。
【祝酒人】××学校领导代表。

尊敬的各位领导、各位老师，同学们：

大家下午好！

在这硕果累累的金秋时节，我们怀着激动与喜悦的心情迎来了第××个教师节，值此佳节之际，我谨代表学校向耕耘在教学一线的全体教师、教育工作者以及所有的离退休教职工致以节日的祝贺和诚挚的问候！向长期关心、支持我校发展的镇党委、政府及各位领导表示最衷心的感谢！向出席今天表彰暨座谈会的优秀教师、优秀班主任、优秀教育工作者表示热烈的祝贺！

过去的一年，在上级党委、政府、教育行政主管部门的领导下，我校全体教务人员齐心协力，强化内部管理，努力提高办学质量，各项工作取得了十分突出的成绩：学校先后获得了"×××先进单位""×××先进集体""×××工作先进学校"等多项殊荣；×名教师得到市、区教委表彰，教育科研硕果累累。

我们理解，作为人类文明传承者的教师，这一职业是一份荣誉，是一份责任，更是一份希望。常言道："兴贤育德，责在师儒。"国家的繁荣，社会的进步、民族的振兴离不开教师的默默贡献。无数的鲜花和掌声、关注与期待交织在一起的教师节，使更多的人把热情与尊重、理解与关怀的目光投向了我们。作为人类灵魂的工程师，我们应该为播种未来而自豪！更应为了培育出更多的优秀人才而继续努力工作，回报社会，回报祖国。"因材施教"，发展个性才能更好地实现自我价值。今后，我们将以此为目标，努力开发学生潜能。

最后，请大家共同举杯，祝愿教育事业蓬勃发展，祝愿各位来宾身体健康，前程似锦，干杯！

"五好家庭" 表彰大会祝酒词

【场合】表彰大会。
【人物】居委会、街坊邻居。
【祝酒人】居委会主任。

尊敬的各位朋友、各位街坊：

大家好！

今天，××小区在这里召开"文明家庭"表彰会，这对于贯彻落实党的××届×中全会、省第××次党代会精神，推动机关文明建设，构建和谐社会有着重要的意义。首先，我代表××小区居委会向荣获"五好家庭"的××户人家表示热烈的祝贺，同时，对各位来宾的到来表示衷心的感谢！

今天受表彰的家庭中既有比翼齐飞，共同创业的奋斗之家，也有弘扬美德，尊老爱幼，倡导文明健康的新风之家；既有乐于助人，长期为社会奉献爱心的友善之家，也有面对人生重大变故，相互支持，患难与共的坚强之家。在这些家庭中洋溢着追求科学、文明、健康生活的时代气息，体现出积极进取，奋发有为的精神风貌，展示了文明家庭热心公益，奉献社会的高尚情怀。中华民族的传统美德与时代精神在这些家庭中得到了完美的结合和体现。

通过此次表彰大会的召开，希望其他家庭可以向这些家庭学习，学习他们的坚强意志和进取精神，学习他们的人生态度和暖人情怀，学习他们的崇高境界和宽广胸襟，弘扬男女平等、夫妻和睦、尊老爱幼、邻里团结、勤俭持家的家庭美德，倡导科学、文明、健康的生活方式，树立助人为乐，无私奉献的社会主义道德风尚，以家庭的文明促进社会的和谐与发展。

家庭是人类社会生活的基本单位，和谐的家庭关系有利于孩子健康成长、夫妻感情稳定和社会安稳。我们希望，每个家庭都和和睦睦，充满欢声笑语。

在此，请大家共同举杯，为了我们的家庭幸福欢乐，为了在座各位的身体健康、工作顺利，干杯！

运动会表彰庆功祝酒词

【场合】运动会表彰庆功会。

【人物】相关领导、全体参赛运动员，全体教练。

【祝酒人】领导。

尊敬的各位领导，各位教练，各位运动员：

大家好！

人逢喜事精神爽，今天是个喜庆丰收的日子，我们欢聚一堂共度良宵。今夜，月色迷人；今夜，彩灯高挂，今夜，我们共饮美酒为成功干杯，为未来助威。

今天召开的这次大会，是一次庆功会，更是一次再动员、再鼓励、再奋进的总结表彰会议。为了能在本次运动会上取得骄人的成绩，各级领导高度重视，全力支持，倍加关心。各个单位也给予了大力支持、主动配合和有力保障。广大运动员在领队和教练员的精心组织下，团结协作、刻苦训练、顽强拼搏，取得了令人瞩目的优异成绩，充分反映和展现了全局一盘棋、全团一条心、全员一股劲的团队作风和进取精神。在此，我代表体育局向参加本次运动会的所有领队、运动员和工作人员表示亲切的问候！向取得优异成绩的运动员表示热烈的祝贺！向给予本次活动大力支持的单位和领导表示衷心的感谢！

画家可以将自己的感情倾注于绘画，作家可以将自己的感情寄托于写作，演员可以将自己的感情融会于表演，可是，在这个宴会上，我只能用美酒表达内心的激动。看看手中的酒杯，那里面装有香醇的红酒，摇一摇，色泽红润，闻一闻，香气袭人，尝一尝，酸甜可口。酒是陈的香，我们运动员要取得优异的成绩，也离不开长期的训练，坚强的毅力，不懈的努力。过程是苦涩的，但是结果是香甜的。

"征途上战鼓擂，条条战线捷报飞，待理想化宏图，重摆美酒再相会。"期待大家的更大的胜利，希望不久的将来，我们能再次相聚共享美酒！

优秀企业颁奖祝酒词

【场合】优秀企业颁奖典礼。

【人物】领导、经济人物、企业代表。

【祝酒人】领导。

尊敬的同志们，朋友们，女士们、先生们：

大家晚上好！

今天是个大喜的日子。我市首届经济人物和最具活力企业评选圆满结束。有××位同志和××家企业获得"××年度××市经济人物"和"××市最具活力企业"光荣称号，这是我市政治经济生活中的一件大喜事。

这次评选活动自始至终遵循"公开、公正、公平"的原则，各行各业积极参与，主管部门严格把关，广大群众热情投票，评选出的先进企业和先进个人令人信服。我相信，由我们自己评出的先进人物、先进企业一定会在今后的工作中作出更加辉煌的成绩，为我们的共同事业做出更大的贡献。

同志们，荣誉的取得只能说明过去，我们要贯彻落实省委、省政府，市委、市政府的战略部署，确立××全省中心城市的地位，再造一个新××。摆在我们面前的任务还十分艰巨，希望这次取得荣誉的同志、企业戒骄戒躁，勇往直前，让你们的事业更加辉煌，同时希望你们充分发挥模范带头作用，为我市带出一批充满活力的骨干企业，为事业发展奠定坚实的基础。

同志们，鲜花献模范，美酒敬英雄。让我们共同举杯，为我们自己的经济人物和最具活力企业，为我们自己评出来的英雄，干杯！

十大杰出女性颁奖宴会祝酒词

【场合】颁奖宴会。
【人物】市领导、妇女代表、嘉宾。
【祝酒人】领导。

同志们：

在三八国际妇女节即将到来之际，今天，市文明办、市妇联、市广播电视局等单位在这里举行"××年度××市十大杰出女性"颁奖宴会，目的是为了表彰先进女性，崇尚文明进步，倡导和谐平等。刚才，评选揭晓了10位在××年做出杰出贡献的女性代表，在此，我代表市委、市人大、市政府、市妇协，对获奖者表示热烈的祝贺，向在座的妇女同志们并通过你们向全市广大妇女致以节日的问候！

近年来，全市各级妇联组织紧紧围绕市委、市政府工作中心，坚持服务大局、服务基层、服务妇女的原则，不断创新工作思路，创新活动载体，创造性地开展各项妇联工作，取得了明显成效，特别是在扶助弱势群体、服务城乡妇女发展方面做出了突出贡献。对此，市委、市政府给予了十分的肯定。在各级妇联组织的带动和引导下，在我市各项事业建设进程中，涌现出了一大批优秀女性，这次评选出的10位女性是她们中的杰出代表，有科教、卫生、旅游、司法战线上的业务精英，有身残志坚、热爱生活的残疾女性，有精明能干、热心公益的女企业家，有不图名利、默默奉献的一线女工。她们都是时代的骄傲、女性的楷模、人民的光荣。希望全市广大妇女要以十大杰出女性为榜样，按照省市提出的新要求，立足自身的工作岗位，积极进取、开拓创新、建功立业，为我市的快速健康发展做出新的更大的贡献！

最后，让我们共同举杯，再次对今天获奖的十位杰出女性表示祝贺，祝全市广大妇女节日愉快！干杯！

谢谢大家！

年度销售冠军颁奖典礼祝酒词

【场合】年度销售冠军颁奖晚宴。
【人物】领导、来宾。
【祝酒人】销售冠军。

尊敬的各位领导、各位来宾、各位营销精英，亲爱的女士们、先生们：

大家晚上好！

今天，十分荣幸能够站在这花团锦簇的领奖台上，和各位共同分享我获奖的心情。此时此刻，我的内心如同汹涌的潮水，此起彼伏，久久不能平静。为了今天，我已经期盼了很久，等待了很久，在这一刻终于到来的时刻，我的内心真是百感交集。在此，请允许我首先感谢本次活动的主办方××集团，感谢公司多年来对我的栽培，感谢一直以来在我身边支持我和鼓励我的亲人们、朋友们，感谢今天到场的各位来宾，谢谢你们！

营销是一个充满挑战的职业，是每一个现代企业必不可少的一部分。每个企业的营销理念，都充分地体现出了它的最终目的和战略目标，从中我们可以看到一个企业的发展潜力和竞争力。作为一名营销人员，自从选择了这个职业，我就明白了在我的面前有着怎样一条艰辛的道路。在营销的战场上，很多人挥汗如雨、奋力拼搏，历尽千难万险，吃尽千辛万苦，却仍然无所斩获。营销行业这一残酷的竞争现实，使其更加充满了挑战，也使得更多有志于此的人们更加摩拳擦掌、跃跃欲试，希望在营销的战场上一展拳脚。

我当时也是受到了这样的诱惑和吸引，对这个行业充满了热情，尽管入行多年来经历了许多人们难以想象的艰难困苦，但是最初的信念和梦想使我坚定地坚持了下来，最终才能够取得今天的成绩。

曾经有很多人向我询问过营销的经验，在此，我想真诚地告诉各位有志于营销事业的人们，营销行业没有捷径，只有不断地辛勤耕耘、刻苦努力，敢于面对挫折，敢于迎接挑战，并在营销事业中倾注你的热情，才有可能获得最终的胜利。

路漫漫其修远兮，吾将上下而求索。在此，就让我们以这句话共勉，希望我们通过不断耕耘和努力，创造出事业上更加辉煌的明天！

谢谢大家！

优秀员工颁奖典礼祝酒词

范文一
【场合】颁奖宴会。
【人物】公司全体人员。
【祝酒人】优秀员工。

各位领导、同志们：

大家好！

一个人生存于这个世界，每时每刻都要面对选择，是选择艰苦还是选择享乐，是选择慷慨还是选择吝啬，是选择坚强还是选择懦弱，就是这众多的选择构成了我们人生的实体。回首昨日，我将永远珍视我的选择——做一名平凡的营业员。

在营业员这平凡的岗位上，平凡的你、我、他也一样能创造出一片精彩的天空。我的岗位不仅仅是我履行自己责任的地方，更是对顾客奉献爱心的舞台。于是我天天给自己加油鼓劲：不管我受多大委屈，绝不能让顾客受一点委屈；不管顾客用什么脸孔对我，我对顾客永远都是一张微笑的脸孔。

我深信，××公司将以科学的管理机制、优秀的企业文化、良好的产品、全新的服务来勇敢自信地面对今后的挑战！我们的队伍也将以最专业、最高效、最真诚的服务面对千千万万的客户！

今后，我会再接再厉，在平凡的岗位上做一名不平凡的营业员。

谢谢！

范文二
【场合】优秀员工颁奖典礼。

【人物】公司领导、员工。

【祝酒人】获奖员工。

尊敬的各位领导：

非常感谢在座的各位领导能够给予我这份殊荣，我感到很荣幸。心里无比的喜悦，但更多的是感动。真的，这种认可与接纳，让我很感动，我觉得自己融入这个大家庭里来了。自己的付出与表现已经得到了最大的认可。我会更加努力！在此，感谢领导指引我正确的方向，感谢同事耐心的教授与指点。

虽然被评为优秀员工，我深知，我做得不够的地方太多太多，尤其是刚刚接触××这个行业，有很多的东西，还需要我去学习。我会在延续自己踏实肯干的优点的同时，加快脚步，虚心向老员工们学习各种工作技巧，做好每一项工作。这个荣誉会鞭策我不断进步，使我做得更好。

事业成败的关键在人。在这个竞争激烈的时代，你不奋斗、拼搏，就会被大浪冲倒，我深信：一分耕耘，一分收获，只要你付出了，必定会有回报。从点点滴滴的工作中，我会细心积累经验，使工作技能不断地提高，为以后的工作奠定坚实的基础。

让我们携手来为××的未来共同努力，使之成为最大、最强的××。我们一起努力奋斗！

最后，祝大家工作顺心如意，步步高升！我敬大家！

民歌邀请赛颁奖宴会祝酒词

【场合】歌唱比赛颁奖典礼。

【人物】各级领导、参赛选手。

【祝酒人】领导。

各位来宾、各位朋友：

大家晚上好！

我今天很高兴出席第×届"××杯"民歌邀请赛颁奖晚会。民歌是人类历史上产生最早且最具生命力的艺术品种之一,是民间的乐府,是爱情的音符。本次邀请赛是我国民歌界的一次盛会,本次邀请赛云集了全国×个省、直辖市、自治区民歌的××位歌唱好手。歌手们克服种种困难,不远千里前来参赛,这让我深受感动。

作为东道主,首先请允许我对支持和参与本届邀请赛的所有机关、单位和个人表示最诚挚的感谢!还要感谢那些默默耕耘在祖国民族民间音乐事业上的人们。

各位嘉宾,今晚我们欢聚一堂,不但要恭贺所有获奖选手,更要感谢××旅游度假有限公司。××旅游度假有限公司作为本届邀请赛的承办方之一,他们不仅让来自远方的客人领略了山庄的秀美,还为比赛提供了全方位的服务。在此,让我们用热烈的掌声对他们的热情和服务表示最衷心的感谢。

最后,我想再次祝贺所有获奖选手。各位获得殊荣,的确是实至名归,祝各位在未来的民歌演唱道路上再创佳绩。让我们共同干杯!

第二节　奠基、揭牌、授牌仪式祝酒词

祝酒词是饮第一杯酒之前的致词讲话，此时的祝辞是为了给酒宴助兴添彩，祝酒完毕众人便可以举杯畅饮了。因此，在这种场合讲话，务必要讲究祝辞的精短，避免冗长啰唆。奠基、揭牌、授牌仪式的祝酒词首先要表示感谢，需要注意的是，感谢要分清先后，一般先是领导、地方政府，然后才是支持的单位、团体、个人。其次要说明招待酒会的目的。要说明酒会的组织者、酒会的目的及意义。这个部分是为接下来的奠基、揭牌、授牌做铺垫，因此，一定要注意语言的精练准确。

科技园区揭牌庆典祝酒词

【场合】宴会。
【人物】科技园区的领导及员工、地方领导等。
【祝酒人】科技园区的领导。

各位领导，各位来宾，同志们：

大家好！

今天是个喜庆的日子，大家欢聚一堂，共同庆贺××国家农业科技园区的成立！在此，我谨代表××农业科技园区全体员工，向前来参加仪式的各位领导和同志表示热烈的欢迎！同时，借此机会，向长期以来对××省经济和各项社会事业给予大力关心和支持的国家科技部、农业部，××省科技厅、农业厅、财政厅、发展计划委员会等各部门表示衷心的感谢！

××国家农业科技园区于××××年××月经国家科技部、农业部、林业局等有关部门评审通过，是××第一个国家级农业科技示范园区。园区以全面建设小康社会为总体目标，坚持"政府引导、企业运作、中介参与、农民受益"的发展思路，努力把农业科技园区建成集科研、试验、示范、推广、培训、旅游观光于一体的多功能的农业现代化基地，为××现代农业的发展真正起到示范、推广、带动作用。××国家农业科技园区的建立，对于我们适应新形势，应对"入世"后农业面临的新挑战，加快农业结构战略性调整，促进××省乃至全现代农业的发展具有十分重要的意义。

××××年××月××日，××国家农业科技园区的成立标志着我省依靠科技、加快农业产业化发展将步入一个新的起点，尽管前进中会遇到这样那样的困难，但我们有信心、有决心，在××省委、省政府的正确领导下，在各有关部门的关心支持下，我们一定会克服一切困难，大胆开拓，扎实工作，努力把园区建设好，为推进全国现代农业的发展做出应有的贡献！

最后，我提议，为××国家农业科技园区美好的前景，干杯！

职业学院揭牌庆典祝酒词

【场合】酒宴。
【人物】职业学院主要领导及老师、学生代表、地方领导。
【祝酒人】职业学院领导代表。

各位领导、老师们、朋友们：

大家下午好！

今天是××职业学院不平凡的一天，是载入史册的一天。请在座的每一位记住这一天，××××年××月××日——××职业学院成立了！今天的××职业学院真可谓是嘉宾如云，高朋满座，首先，请允许我对在座的领导和嘉宾表示热烈的欢迎和衷心的感谢！

各位领导、老师们、朋友们，××职业学院从今天开始，将以它崭新的面貌、特有的雄姿，为祖国、为社会培育出一批批的专业人才。我相信，通过几代人的不懈努力，我们××职业学院将会以最快的速度、最好的质量，逐步办成一所著名的培养科技型、实用型人才的摇篮，为社会培养德智体美劳全面发展的新型人才，提供技能教育，完善人才培养模式，为社会、为企业培养急需的中高级技工，以补充中高级技术人员紧缺的不足。

请在座的党政领导放心，我们会始终坚持"以德治校，育人为本"的办学宗旨。请在座的家长放心，我们有信心把你们的孩子培养成具有一技之长、具有良好就业前景的人才，为他们的未来提供可靠保障！

展望明天，灿烂辉煌，展望未来，任重道远。让我们××职业学院全体师生携起手来，一步一个坚实的脚印，一步一个崭新的台阶，走向明天，走向未来，走向辉煌！

谢谢大家！

活动中心开张祝酒词

【场合】庆典宴会。
【人物】领导、老年朋友、来宾。
【祝酒人】活动中心主任。

各位领导，各位来宾，××城的中老年朋友们：

大家早上好！

今天是一个隆重盛大的日子，是一个喜气洋洋的日子。在此请允许我代表××老年活动中心祝所有的老年朋友们身体安康，生活幸福。

为了提高老年人的生活质量，丰富老年人精神文化生活，市老龄委与我们共同组织开展了"老年健康文化进社区"活动，为老年人提供精神和物质上的多重服务。老年人可以在这里得到各种免费服务，休闲、聊天、按摩、读书、参加兴趣活动小组……我们将以"关爱老年健康"为宗旨，竭诚为全市广大老年朋友服务，让天下老年朋友都健康长寿！

莫道桑榆晚，彩霞尚满天！今天，我们相聚在这里，我感到非常的激动与兴奋，这是我们期待已久的时刻，这是振奋人心的时刻，这更是

××老年活动中心和老年朋友的一次盛会。那么请允许我介绍光临本次盛会的嘉宾：一直默默地与我们共同推进老年健康文化事业的××市老龄委的领导们！还有今天来到现场并对我们给予大力支持的××电视台、××晚报、××人民广播电台、××报等新闻单位的朋友们！

现在我提议，为老年朋友们的健康，为鼎力支持我们的来宾，为××老年活动中心的事业兴旺，干杯！

社区老年公寓揭牌宴会祝酒词

【场合】老年公寓入住揭牌宴会。
【人物】社区领导、嘉宾。
【祝酒人】领导代表。

尊敬的各位领导、各位来宾、各位客户：

大家好！

秋风送爽，金菊飘香。今天，对于××老年公寓来说是个双喜临门的日子，既是中国传统节日重阳节，又迎来第××个"九九"老人节。在这里，我们怀着无比喜悦的心情，隆重举行××街道庆祝"九九"老人节暨××社区老年公寓入住仪式。

首先，我代表××街道办事处向全街道广大老年同志致以节日的问候和热烈的欢迎！对××社区老年公寓的入住表示热烈的祝贺，同时，对各位领导和同志的到来表示热烈的欢迎和衷心的感谢！

敬老爱老是中华民族的传统美德。××社区在这项工作中，开拓创新，自求发展，通过科学规划和精心运作，仅利用半年的时间就建成了高标准、高档次的老年公寓。应该说，老年公寓的建成入住，不仅为全社区的老年人提供了老有所养、老有所医、老有所学、老有所乐的温馨家园，还将进一步带动全街道乃至全区的老年人工作开创新的局面，进而在全社会进一步形成尊老爱老、人人有责的良好社会风尚，必将为建设社会主义的和谐社会做出积极的贡献。

夕阳无限好，人间重晚晴。在今后的工作中，我们将认真完善制度，强化服务，确保老年公寓的老人安度幸福、祥和的晚年。

最后，再次感谢各位领导和来宾的光临，祝广大老年朋友精神抖擞、身体健康、合家欢乐，节日愉快！

希望小学奠基庆典祝酒词

【场合】联欢会。
【人物】××县领导、希望小学承办方、媒体。
【祝酒人】××县领导代表。

尊敬的各位领导、各位来宾，同志们、同学们：

大家晚上好！

今天，我们怀着激动的心情，在脚下这片热土上举行××希望小学奠基仪式，在此，我谨代表××县委、县政府，向长期以来关心支持和帮助××县发展的××团市委、××集团及各级领导、各界人士表示衷心的感谢！向××集团的义举致以崇高的敬意！向各位来宾，各位朋友表示热烈的欢迎！

××希望小学，是××市第×××所希望小学，是××市对口帮扶××县的又一丰硕成果，也是继××希望小学之后，又一所在××县落户的希望小学，意义重大，影响深远。××县是人口大县、教育大县，教育适龄儿童高达××多万人，希望工程在××县的成功实施，可接受教育适龄儿童×××人。希望工程作为一项功在当代、利在千秋的社会公益事业，必将促进××县教育事业的发展，推动××县经济的飞速发展。

在此，我希望有关部门进一步统一思想，提高认识，为××学校的建设创造良好的外部环境，在工程建设上严把质量关，使这一工程成为放心工程、精品工程。教育主管部门应加强指导，进行重点帮扶、重点支持，实行政策倾斜，努力把××希望小学建成东西帮扶成果的示范窗口。同时，更希望全校师生、全县各级部门以这次××对口帮扶××县为动力，团结拼搏，争创一流，以优异的成绩回报各级领导和社会各界对我们的关怀与支持！

最后，再次感谢××市团委、××集团对××县教育事业的无私奉献！谢谢你们！

第三节　周年庆典祝酒词

　　周年庆典是为了庆祝单位团体的周年纪念日，一般比较隆重，因此祝酒词的重点在于表达出欢度周年庆典的愉悦之情。作为主人的机关团体、企业领导一般多表达感谢和回顾展望之情，来宾则表示对单位周年庆典的祝贺。周年庆典祝酒词一般包括以下三点：

　　1. 说明周年庆典的来由，并且向来宾、员工表示真诚的感谢；

　　2. 回顾发展历程，总结以往取得的成绩，对员工给予肯定和赞扬；

　　3. 表达自己的喜悦之情，以及对未来的憧憬和期望。

结婚周年庆典祝酒词

　　【场合】15 周年庆典宴会。

　　【人物】夫妻、亲朋好友。

　　【祝酒人】好友。

　　尊敬的女士们、先生们：

　　大家好！

　　十五年风风雨雨，一路爱情永铭。

　　今天是×××年××月××日，是一个平凡而又普通的日子。但是，对于××夫妻来说，却是一个意义非凡而又值得回忆的日子：结婚纪念日——结婚 15 周年，又称为"水晶婚"。古人视水晶如冰或视冰如水晶，它晶莹剔透，被人们认为是"此物只应天上有，人间难得几回寻"。现在，它作为平凡人家平凡婚姻的象征——透明的、纯洁的、坚固的、美好的。

　　××夫妻俩结婚已 15 个年头，加上相知相恋足足 23 年整，令人艳羡的是，他们的婚姻始终充满活力和浪漫。平日里，丈夫陪着妻子逛街，妻子和丈夫一同看球赛。长假时，他们选择出去旅游，空闲时，两人一边看书一边饮茶。从他们身上，我们领略到了爱情的真谛——平平淡淡才是真。

××夫妻牵手走过了 15 个春秋，相互帮助、支持、谦让、友善、爱护，时间让爱情更加甜蜜，更加幸福，美满无比。

现在，请让我们共同举杯，祝福××夫妻水晶婚愉快，家庭美满，身体健康，也祝愿大家爱情甜蜜，生活幸福。干杯！

谢谢大家！

建校百年华诞祝酒词

【场合】庆祝宴会。
【人物】校领导、市领导、来宾。
【祝酒人】市领导。

各位领导、各位来宾，同志们、朋友们：

今天，我们在这里隆重聚会，纪念××一中建校一百周年。首先，请允许我代表中共××市委、××市人民政府，并以我个人的名义，对参加××一中建校百年庆典活动的上级领导和各位嘉宾表示衷心的感谢！向××一中全体师生员工和历届校友表示热烈的祝贺！

一百年来，特别是中华人民共和国成立后和改革开放以来，××一中为国家培养了大批高素质的各类人才。××一中的毕业生，已经遍布××全市、燕赵大地、大江南北、五湖四海，在不同的岗位上为祖国和人类做着自己的贡献。所以，我们有理由为××一中的百年而骄傲！为××一中的师生员工而骄傲！为××一中的×万名毕业生而骄傲！

往事如歌，未来如诗，如椽大笔写不完激情岁月，千言万语抒不尽满腔深情，长歌豪迈待我们挥斥方遒。

纵观当今世界，经济全球化正在深入发展，科技进步日新月异，综合国力的竞争日益激烈，科学技术越来越显示出作为第一生产力的巨大作用。只有大力实施科教兴国战略，不断提高全民的思想道德素质和科学文化水平，才能在未来的发展中赢得先机。希望××一中以百年校庆为契机，坚持优良的办学传统，形成鲜明的办学风格，大力实施素质教育，在教育教学和办学体制改革等方面不断探索，大胆创新，把××一中办成社会主义先进文化的传播阵地，办成高素质人才培养的摇篮。争取早日跨入全国示范性高中的行列，为××市的教育事业做出更大的贡献。

现在，我提议：为庆祝××一中建校一百周年华诞，为××市教育事业的更快发展，为我们伟大的祖国的繁荣昌盛，为各位领导、嘉宾的身体健康，干杯！

诗社成立周年庆典祝酒词

【场合】周年庆典。

【人物】县级领导、来宾。

【祝酒人】领导。

尊敬的各位领导、各位来宾：

大家好！

俗话说四海之内皆兄弟，为了共同的理想，我们走在一起。××诗社自成立以来已经走过了××年的风风雨雨，在今天这个喜庆的日子里，我们隆重举行××诗社成立××周年庆典活动。在此，我代表××县委、领导对各位的到来表示热烈的欢迎。

美丽的××历史悠久，特色浓郁。美丽的自然风光、醉人的××风情、神秘的××文化使这片乐土充满了无穷的魅力；厚重的文化底蕴，更使这片乐土成为诗词歌赋之乡。文化也就成了××对外的一张名片，并不断释放出巨大的经济潜能。诗词歌盛世，书画舞新风。我们真诚地期望，通过文化桥梁加强与大家的沟通联系，真诚地期望大家能常来××做客，探寻××之神奇，揭开她神奇的面纱。

一生大笑能几回，斗酒相逢须醉倒。

各位领导、各位来宾，让我们共同举杯，祝中华诗词更加发扬光大，祝各位身体健康、万事如意，干杯！

毕业10周年庆典祝酒词

【场合】10周年庆典酒宴。
【人物】老师、同学、来宾。
【祝酒人】××同学。

各位老师，各位来宾，各位同学：

大家好！

今天，我们大家在××市欢聚一堂，隆重纪念××学校××班毕业10周年。10年前，怀着同样的梦想和憧憬，我们从五湖四海相聚到××学校××班。

忘不了，我们曾同窗××余载，在老师的辛勤培育下，共同走进知识的殿堂；忘不了，我们曾朝夕相处，共同缅怀友谊，一起畅叙衷肠。

××年的时光，足以让人体味人生百味。在我们中间，有的早已改行另谋发展，现在已事业有成、业绩颇丰；有的已经下海经商；但更多的同学依然坚守在教育第一线，无私奉献，辛勤耕耘，成为各学校的中坚力量。无论我们身在何处，从事何种职业，彼此的空间距离有多么遥远，我们的情谊永远不变。

让我们暂且放下各种心事，和我们亲爱的老师一起，重温昨日的美好时光，共同畅想未来。

同学情是割不断的情，是分不开的缘。

只要我们心不老，青春友情就像钻石一样恒久远。现在，请让我们共同举杯，祝同学们家庭幸福，身体健康，事业发达，愿我们的友谊天长地久。干杯！

公司开业周年庆典祝酒词

【场合】15周年庆典宴会。

【人物】员工、来宾。

【祝酒人】公司领导。

尊敬的各位来宾,女士们、先生们:

大家晚上好!

今天,高朋满座、笑声不绝,我们在这金秋的十月迎来了××公司15周岁生日。在这个特别的日子里,请允许我代表××公司全体职员对远道而来的各位来宾表示热烈的欢迎。回顾过去的15年,我们经历了创业的艰辛和激烈的竞争,见证了××行业的波澜起伏,但是我们一直坚守自己的信念,××公司与中国的××行业一起不断进步,快速成长。

如今成绩的取得,离不开全体员工的努力付出,离不开各位友人的倾心帮助。我发自内心地感谢大家,正是有你们的支持与鼓励,公司才能取得今天的成就!过去的15年是难忘而精彩的,未来的15年必将迎来更多的精彩和挑战。我希望在以后的日子中,各位同仁一如既往地帮助我们,我们将继续发扬努力拼搏的精神,扎扎实实地做好工作,为我们的事业翻开新的篇章。

现在请大家共同举杯,为美好的明天的到来,为大家的身体健康,干杯!

文学院成立周年庆典祝酒词

【场合】周年庆典。

【人物】领导、嘉宾。

【祝酒人】主持人。

各位同行、各位朋友：

　　大家好！

　　沐浴着圣诞的祥和气氛，我们文学院迎来了建院一周岁的生日，此时此刻，我心潮澎湃，首先请允许我代表文学院，向来自市委的有关领导和全市的文学爱好者光临庆典表示热烈的欢迎，向各位文化界同行表示真诚的感谢，同时特别要感谢我的老师、著名作家××先生专程安排了今天的聚会。正是因为你们的热情支持、积极参与，才有了文学院的今天。谢谢大家！

　　去年的今天，文学院在大家的大力帮助和支持下，正式举旗。一年中，在各位同行的悉心呵护下，使这一阵地成为我们共同拥有的一块净土，成为精神世界的绿荫。不仅联通了友谊，播种了希望，而且丰富了技艺，完善了创作，收获了成功，先后有一批同行由此起程，走向全国、省、市级文学比赛，参展获奖，结集入典，扩大了文学院的影响和号召力。在此我想说，文学院需要大家，文学院永远是各位同行的温馨之家。

　　一年时间很短，重要的是我们有了一个良好的开端；文学之路很长，需要我们坚持不懈，携手前行。展望××××，机会与挑战就在面前。我提议：让我们共同举酒，全力冲刺，再战××××。最后祝大家新年快乐，写出更好的作品！

　　共饮此杯！

经济开发区建区周年庆典祝酒词

【场合】招待晚宴。
【人物】领导、嘉宾。
【祝酒人】领导。

尊敬的各位来宾，女士们、先生们，朋友们，同志们：

　　在这天高云淡、秋高气爽的金秋时节，我们欢聚一堂，借良辰美酒，与大家一起共享成功的喜悦。

在此，我谨代表中共××县委、××县人民政府和××人民，向各位来宾、各位朋友的到来表示最热烈的欢迎，向一直以来关心、关注、支持和帮助××经济开发区发展的各位领导、各界人士表示最衷心的感谢。同时，向一直以来为开发区发展孜孜不倦、任劳任怨、贡献突出的各位同志及你们的亲人表示最亲切的问候！

××经济开发区建设的五年，是我们攻坚克难的五年、奋力争先的五年、锦绣辉煌的五年。

在此，我再次向各位来宾、各位朋友表示衷心的感谢，你们是功臣，是开发区发展的功臣，是开发区发展的恩人，是实现全县大发展、大跨越伟大征程上的英雄！

在此，我们也希望更多的朋友参与到××经济开发区之中。最后，祝各位事业更加兴旺发达。让我们共同干杯！

医院周年庆典祝酒词

【场合】酒宴。

【人物】领导、医院员工。

【祝酒人】医院院长。

尊敬的各位领导、各位来宾，同志们、朋友们：

大家好！

今天是××市人民医院建院××周年的喜庆日子，我们有幸邀请到省级知名医院的领导专家，各兄弟医院的领导和专家及各有关部门的领导等共同参加庆典。在此，我谨代表××市人民医院党政领导及全体职工，向各位领导、各位嘉宾、各位朋友的到来表示最热烈的欢迎！向无私奉献、不懈努力的离退休人员、老领导表示亲切的慰问，向兢兢业业、默默无闻奋斗在岗位第一线的全院职工表示诚挚的敬意。

斗转星移，岁月沧桑。××××市人民医院已经走过了××年的光辉岁月。历经××年的拓荒播种，通过几辈人的努力，××××市人民医院已经成为了一所集医疗、预防、保健、康复、科研教学于一体的综合×级×等医院。医院着眼于以人为本，人性化服务，以病人为中心，提升服务品质，营造了高效、轻松、舒适的就医环境，赢得了广大患者的好评和社会的广泛赞誉。同时，我市不断改进思路，对其进行了全面的医疗卫生改革。目前，医院占地面积×××亩，固定资产×××多万元，职工×××人，其中卫生技术人员×××人，高级职称×××人，中级职称×××人，是××市规模最大、技术力量最强、设备最先进、功能最齐全的医院，是××学院、××卫校的实习教学医院。近年来，有××项新技术、新业务获××市科技进步奖，×项获省科技进步奖，获市首届"创业奖"×等奖×项，医院呈现出持续、快速、协调发展的良好局面，××××市人民医院××年取得的这些成绩，离不开各级政府的正确领导与关怀，离不开×××市人民医院几代全体员工的共同努力，再次感谢你们！

面对新的机遇与挑战，我市医院始终坚持以"服务百姓，服务人民，让人民看得好病，看得起病"为基本发展目标，时时刻刻为人民着想，这就是我们制胜的基本法宝！我相信：在今后的岁月中，我们××××市人民医院，会撰写出更加辉煌的历史，创造更加美好的明天！

最后，祝大家身体健康，万事如意，幸福安康！谢谢！

钻石婚子女祝酒词

【场合】钻石婚纪念日。
【人物】一对老夫妇、亲朋好友。
【祝酒人】子女。

尊敬的各位来宾、朋友们，亲爱的女士们、先生们：

大家晚上好！

今天，是我的父母××先生和××女士结婚60周年的钻石婚纪念日。白发同偕百岁，红心共映千秋，两位老人携手走过了60年的风风雨雨，共同迎来了如今这个大好日子，真是让人无比欣美，亦无比感动。让我们首先向他们致以最衷心的祝福，祝愿他们和和美美、健健康康，钻石婚快乐！同时，我也代表家父家母，向在座各位来宾，表示最热烈的欢迎和最诚挚的谢意。

60年，是多么漫长的一段岁月，其中珍藏了多少的苦辣酸甜，多少的动人回忆。60年前，两位老人结发成为夫妻，从那一刻起，他们就在心中许下了白头偕老的誓言。60年来，他们严守承诺，真诚地对待婚姻，用心地经营爱情。尽管韶华老去，但是永远不老的，是他们如钻石般熠熠闪光的真爱，还有那永不磨灭的誓言。他们以实际行动，用60年的时间，谱写了一曲最为动人的乐章。

钻石恒久远，爱情比金坚。60年来，他们举案齐眉，相敬如宾，经过这么长的岁月，仍然相依相伴，相互扶持，正所谓"相看两不厌"，"最浪漫的事，就是和你一起慢慢变老"，这是多么温馨美好的一种情愫。六十载风雨同舟，他们的爱情经过风雨的洗礼，越发显得光辉靓丽。

天上月圆，人间月半，月月月圆逢月半；除夕年尾，正月年头，年年年尾接年头。

人生七十古来稀，60年的钻石婚，则可是稀罕和可贵。试问天底下有多少爱侣能够有这么大的福气。十年修来同船渡，百年修来共枕眠，60年的婚姻，需要经历多少个轮回的修行。60年牵手情，人生稀少，真是可喜可贺。

值此钻石婚宴会之际，我再次祝贺父亲母亲福如东海长流水，寿比南山不老松。让我们举起手中的酒杯，为两位老人的健康幸福，也为人世间忠贞不渝的爱情，干杯！

第五章　职场祝酒词

作为职场人士，懂得如何在职场宴会中表现得体，给领导和同事留下好印象是很重要的。相对于家常酒祝酒词的随意轻松，职场祝酒词要讲究措辞得体，既要展现个人严谨认真的作风，又要不失活泼，表达出自己的诚意。由于职场宴会的正式性，在发表祝酒词的时候必须遵循一定的标准和规范，切不可天马行空、随意发挥。

第一节　调动祝酒词

职场之中免不了人员的调动，这种场合的祝辞应要庄重得体。根据主体的不同，调动祝酒词一般可以分为以下两种。

1. 调动人本身做祝辞，要表达出对领导、同事以及友人的感谢，然后可以谈谈自己的工作经历，以及对未来工作的规划，表达出希望大家多多支持之意。如果是即将调离，可以回顾共同的工作经历，表达自己的不舍与留恋。

2. 对于他人所做的祝辞，整体的基调应当较为大气，表达出热切的祝愿，或者内心的留恋。接着可以回顾调动人此前一段时间的工作成就，阐述调动人对集体曾经做出的贡献，表达感谢和鼓励之意。另外，无论是对新来者还是对调离者，都可以谈及未来的美好祝愿和殷切期待，使宴会表现出一种积极乐观的氛围。

欢送老师赴新岗位工作

【场合】欢送宴会。

【人物】领导、就职者。

【祝酒人】领导。

尊敬的各位老师：

大家晚上好！

俗话说相见时难别亦难！在今天这个欢送××老师赴新岗位工作的茶话会上，我先带头"话别"，抛玉引砖——引金砖！

××老师是属马的，无巧不成书，他给我们的印象就是一匹有胆、有识、有德、有才、魄力超群、啸天腾地的千里马！

近十年来，××老师在大学的教育岗位上，呕心沥血，辛勤执教，可谓苦口婆心育英才，粗茶淡饭著文章。满天的桃李，就是他辛苦耕耘的天地；三十多篇论文，就是他遨游书海的痕迹。值得自豪的是，这匹上好的千里马最初还是本人发现的！可眼下，"伯乐"却要跟千里马告别了，我的内心十分激动，也十分复杂。

然而，××老师已过而立之年，正是风华正茂之际，应该奔向广阔的天地去奋蹄、去驰骋、去竞争、去建功立业、去夺取无愧于千里马称号的荣誉！

现在，请我们共同举杯，预祝××老师在新的工作岗位上再创佳绩，祝愿他身体健康、家庭幸福、万事如意！

谢谢大家！

同事工作调动祝酒词

【场合】欢送宴会。
【人物】公司领导、员工。
【祝酒人】员工代表。

尊敬的各位领导、各位同志：

大家好！

俗话说"天下没有不散的宴席"。我单位××同志因工作调动将要奔赴××单位××岗位，这是对××同志的一种磨炼，也是单位领导对他的特别培养，但我们多少有些不舍。在×年的共事期间，我们彼此间已经建立了深厚的友谊，此次分别将天各一方，聚少离多。在这里，我谨代表××单位领导及全体员工祝××同志前途似锦，万事如意！

××同志是××××年应聘进入×××单位的，刚进单位时，面对自己并不熟悉的职位，××同志并没有浮躁，而是处处虚心请教，做事认真踏实，有很大的上进心，是个值得培养的好苗子！悟性高的××，仅仅经过×月，就已经对工作得心应手了。不仅如此，××同志在之后的工作中，无论是烈日炎炎还是天寒地冻，他都提前半小时到班，打扫办公室，整理茶具，等待、迎接第一批服务对象。×年多中，他从未向领导请过假。在我看来，××不是勇于指点江山、激扬文字的那种人，不是想出人头地、光彩耀人的那种人。他只是无怨无悔，默默无闻，踏踏实实做事，所以，平常我们总能看见他忙碌的身影。平平淡淡总是真，这就是一个真实的××。

这次，单位调动××同志到××岗位，就是为了考验××，希望××同志在新的岗位上能勇攀高峰，发奋努力，为当地、为××事业发光发热！

千山万水斩不断彼此的思念。希望××同志有时间，常回来看看我们！

最后，让我们共同举杯，为××同志灿烂的明天，干杯！

第二节　就职祝酒词

就职祝酒词的场合较为正式，因此，在内容上讲究措辞恰当、严谨。就职祝酒词包括"称谓"和"正文"两部分。称谓要根据来宾的不同身份而定，力求恰当、得体。正文一般由开头、主体、结尾三部分组成。

开头要表达就职者初上任的心情和对来宾的谢意。措辞要注意自然恳切，表达出内心激动的心情和真诚的感谢，这样才能给来宾留下良好的印象。

主体部分应当着重谈就职者的工作目标、打算和措施，展示自己要好好做出成绩的决心和诚意，以获取来宾的信任和支持。

结尾一般都要发出号召，展望前景，给来宾以激励和鼓舞。也可以表达希望大家多多支持的谦虚之意。

相对于其他祝酒词而言，就职祝酒词要讲究真实性，要对自己说过的话负责。内容也要有条理，使人容易明白。

医院党委书记就职宴祝酒词

【场合】医院党委书记就职欢迎宴。

【人物】全体员工。

【祝酒人】新任党委书记。

尊敬的领导、同志们：

　　大家好！

很高兴未来的几年我将同各位优秀的行政干部和医护人员共事。在此，我首先对县卫生局的领导同志们对我的信任表示衷心的感谢，对全体医护人员表示亲切的慰问。同时，对于在座各位的亲切光临，我在此致以诚挚的谢意。

在这里，我想首先和大家分享一下个人的经历，希望大家对我能够有进一步的了解。我参加工作已经有30年了。从医学院毕业后，我被分配到我县××乡的卫生防疫站担任医务人员。由于我爱好书法，在大学期间曾经担任过班级的宣传骨干，因此，经过三年的基层锻炼后，在防疫站领导的推荐下，我被调到了我县的卫生局，担任卫生宣传员。随着工作经验的不断积累，工作能力的不断提高，五年后，我有幸受到领导的赏识，被调到了县委宣传部，负责教育卫生口的宣传工作。在县委宣传部，我一待就是二十几年，主要负责组织和行政事务，在那里获得了我这一生中最重要的经验积累，以及能力的提高。

如今，在县委组织部的慎重决议下，我有幸被调到了县医院，担任党委书记一职。虽然我离开医疗第一线已有多年，但是多年来一直从事与医疗口相关的工作，对这方面的组织和工作有较为深入的了解。希望多年来工作经验的积累，可以在这里得到有效的应用。我也清楚地知道，在我的前任书记主持医院党委工作期间，医院成绩斐然，无论是党的建设，人才培养，医德、医风建设，还是硬件建设，都享有很高的声誉。这些优秀的业绩，对我来说既是鞭策，也是挑战，我希望在我们共同的努力下，开拓进取，求实创新，不断再创新高。

我对自己的评价是：勤奋严谨，慎思笃行，在工作上的要求比较严厉，对待同志诚恳热情。我最崇敬善待同志的人，最讨厌口是心非的人，最感谢能当面指出我不足的人，最瞧不起视职业为儿戏的人。希望各位在今后同我相处的过程中，能够及时而诚恳地对我提出批评和指正，希望我们通过不断地相互了解和磨合，合理分工、密切合作，不断开创医疗事业的新风气，共同致力于服务好广大的患者和群众，力争成为我县医疗卫生行业的楷模。

最后，让我们共同举杯，为我们全体医护人员脚踏实地、忠于职守、开拓进取、精益求精，为我们救死扶伤的共同愿望和治病救人的革命人道主义精神，为我们的百尺竿头更进一步，不断开拓出更加辉煌的业绩，干杯！

客运总站站长就职祝酒词

【场合】宴会。

【人物】各级领导、同事。

【祝酒人】领导代表。

尊敬的各位领导，各位同志：

大家好！

今天是××同志被任命为客运总站站长的大好日子，在这里我代表我自己，也代表我们局领导，向××同志表示热烈的祝贺。

客运总站是交通局的一个窗口，更是××市的一个窗口，汽车站的工作搞得好坏影响重大，搞好车站的工作领导班子起着重要的作用，当然与在座的各位同志努力工作更是分不开的，因此，作为新班子的负责人，××同志的责任与义务就是团结一心、共同拼搏，带领大家一起努力工作、积极奉献，树立我们交通局××市服务行业的窗口新形象。

客运总站成立三年多时间来，在上级领导的支持下，在前任站领导的辛勤工作下，在各位站务员同志的努力配合下，各项工作均在走上正轨。××同志作为新一届领导班子负责人，他的工作目标就是带领大家让环境更加优美，让工作更加规范，让制度更加健全和完善，让服务质量更上一层楼，让我们的荣誉继续保持。

今天××正式到任，他需要时间了解和掌握情况，需要熟悉工作环境，因此，在座的各位同志一定要支持和配合他的工作，各人站好自己的岗，负好自己的责任，出现任何的思想涣散，等待观望，看风测向，工作不负责任，敷衍塞责，服务态度粗暴、冷、横、硬的现象都是我们不愿意看到的，也是不能容忍的，希望各位同志积极配合××同志的工作，使我们新班子的工作有个良好的开端。

在人生旅途上，××已通过自己的努力迈开了他扎实的第一步。光辉灿烂的前景在招手，铺满鲜花的道路就在脚下，我们期望××尽自己的最大努力把车站的工作做好，向自己、向人民交一份满意的答卷。

让我们共同举杯，祝愿××能有进一步的发展，也将创造更加辉煌的成绩，干杯！

联谊会会长就职祝酒词

【场合】宴会。

【人物】县领导、联谊会成员。

【祝酒人】新任会长。

尊敬的各位领导、各位理事、会员们：

大家晚上好！

非常感谢大家对我的信任和支持，推选我担任××县外来人才联谊会第一届理事会会长。对于这一殊荣，本人倍感荣幸，同时也深感责任重大。从各位殷殷的目光中，我看到的是大家的期望与重托。

为此，在任职期间，我必将与理事会全体成员一起，按照联谊会的章程规定，尽心尽力开展工作，努力向全体会员交出一份满意的答卷。

作为一名外来者，我到××已经有××年，期间我亲历了××所发生的巨大变化，这里所有的成就让我倍感自豪，也让我对××的发展越来越有信心。与此同时，在这里所有的外来人才也找到了充分施展自己才华的舞台，可以说，这次我们联谊会的成立就是展示个人才华和能力的机会。

作为会长，我必将以身作则，为联谊会的发展全力以赴。说到不如做到，请大家看我的实际行动吧！

最后，祝愿我们的联谊会事业兴旺！祝大家身体健康、万事如意！干杯！

居委会主任就职祝酒词

【场合】竞聘居委会主任庆功宴。
【人物】小区业主、居委会人员。
【祝酒人】就职者。

各位领导，各位同志：

大家晚上好！

今天，我异常激动。经过激烈的角逐，我终于成功竞聘为我们小区的居委会主任。很高兴大家今晚能够在此为我道贺。对于在座各位来宾朋友的到来，我表示热烈的欢迎和深深的谢意！

这个日子，我已经期盼了很久。在这个本该欢庆的时刻，我不禁回想起了过去的艰辛。三年前，我所在的印刷厂为了提升效益裁掉了一批员工，而我不幸地成为了其中的一名。刚过40岁的我原本对工作充满了干劲和热情，一下子赋闲在家，我一度难以接受。后来，在亲人和朋友们的开导下，我渐渐明白了，心若在，梦就在，只要用心刻苦，行行出状元。为了提高自己的能力，充实自己的生活，我报名参加了夜大的会计学专业，白天则找了几份兼职，从基层干起，练习和实践最基本的会计工作。通过不断地实践和积累，我逐渐拥有了较为扎实的理论和实践基础，自信心也有了很大的提升。对我来说，生活一下子变得丰富多彩起来，我似乎渐渐地拥有了理想和追求，拥有了自己的生活。

米卢曾经说过"态度决定一切。"对这句话，我有很深刻的体会，诚然，现实的世界往往不那么尽如人意，但是只要你肯努力，只要你用心地去生活，去追求，一定可以获得自己的一片天地。

我的学历不高，曾经，我一度认为自己一无是处，但是后来的锻炼和学习使我慢慢地找回了自信，使我相信世上无难事，只怕有心人。在下岗之后的这段日子里，我曾经得到过我们居委会的帮助，也和这里的工作人员有了更进一步的接触。慢慢地，我发现这里的工作很适合我，而服务小区群众，帮助更多的下岗工人重新找回自己的生活，是我十分乐于从事的工作。于是，我和家人谈了我的想法，在他们的支持和鼓励下，我毅然走上了竞聘居委会主任的讲台。

在我心中，居委会的工作就是从融洽中见真情，它首先面对的是人们的喜怒哀乐，直接服务的是家庭的荣衰悲欢。对于营造安定祥和的社区，建设和谐社会，居委会有着不容忽视的作用，肩负着重大的责任。

单人不成众，独木不成林，居委会的工作需要我们大家的共同努力。对于大家对我的赞许和肯定，我十分高兴，同时也感受到了责任的重大。我希望在将来的工作中，我们可以携起手来，肩并肩地共同努力，共同奋斗。露珠虽小，却可以折射出太阳的光辉。我希望在我们的努力下，居委会能够为我们小区居民的幸福，为和谐社会的建设，奉献出自己的一份力量。

谢谢大家！

公司门店经理就职祝酒词

【场合】××电器公司门店经理欢迎宴。

【人物】领导、同事。

【祝酒人】新任门店经理。

尊敬的各位领导、亲爱的同事们：

大家晚上好！

在今天上午举办的选举活动上，经过激烈的角逐，我荣幸地当选了我们公司××分店的门店经理。今晚，大家能够在这里为我举行欢迎仪式，我内心十分地感动。在这里，我衷心感谢各位的支持，感谢各位今晚的光临，请让我向各位领导、同事们深深地鞠一躬，谢谢大家！

我到××电器公司工作已经有5年了，一直在××分店工作，先后担任过销售助理和销售副经理。在这个过程中，我积累了丰富的推广和销售经验，赢得了客户及同事们的一致好评。

经过多年的工作经验的积累，带着对这份工作的热爱，我的内心迫切地寻求更好的施展自身能力及才华的舞台。十分感谢公司此次为我提供了这个机会，使我可以充分地展示自己，使大家可以充分地认识我、了解我。此次竞聘不仅是对我的一次重大考验，同时也是一个重要的激励。通过此次竞聘，我的心理素质以及表达和沟通能力不仅得到了充分的施展和锻炼，同时我也看到了自身的许多不足，明确了未来自我提升的方向。可以说收获颇丰。

很感谢各位对我寄予的高度信任和肯定，从今往后，我一定会再接再厉，将各位对我的支持转化为工作的动力。我将努力带领大家实现以下几个目标：第一是协助各部门搞好店面销售，提高岗位执行力，高质量地做好计划、组织、领导、控制和管理工作；第二是努力完善自我，提高工作能力；第三是创新解决问题的方法，加强技术交流和对外协作；第四是加强应用开发，利用先进的方法进行科学管理，提高管理成效。希望大家对我进行严格的监督，并建言献策，希望我们共同携手，为××门店创造出更优秀的业绩。

最后，我衷心地祝贺大家身体健康、工作顺利、合家欢乐，干杯！

公司副总裁就职祝酒词

【场合】就职宴会。

【人物】各级领导、嘉宾、同事。

【祝酒人】领导代表。

尊敬的各位领导、各位嘉宾、各位同事：

大家晚上好！

今天我们欢聚一堂，共同庆贺××成为××公司的副总裁。

在过去的两年里，××工作兢兢业业，为实现这一目标他付出了很多。没人比他更应该得到这个职位。这么多年的努力终于得到回报。可以说，他的成功对我们在座的每一位来讲都是莫大的鼓励。

成功的花，人们只惊美它外在的鲜艳，却往往忽略了当初它的芽儿曾浸透了奋斗的泪水。我赞赏××的成功，更钦佩××在艰难的道路上曲折前行的精神。

演奏家把思想溶入乐曲；美术家把灵魂置入画框；文学家把生活写成一部书；而他，把感情都奉献给了事业。业务洽谈会上××表现出的潇洒风度、热情面容、巨大魄力犹在眼前。××的专业和奉献精神令人钦佩。他是在学习成为一个真正的专业人士。

最后，让我们共同举杯，真诚地祝贺他，预祝他将来取得更大的成功。

新校长就职祝酒词

【场合】就职宴会。

【人物】县级领导、老师。

【祝酒人】新任校长。

尊敬的各位领导、各位教师：

大家晚上好！

我衷心地感谢县教委、县党委、政府和教办对我的信任与培养，感谢各位老师对我的关爱和支持，尤其是前任校长，他的艰辛努力为学校的今后发展奠定了坚实的基础。在此，我向各位表示衷心的感谢！

作为新一任校长，职务不是一种荣誉称号，而是一种压力，更是一种责任。我们在回顾成绩的同时，必须冷静面对当前的教育形势。××学校未来的路该如何走？学生的素质、教师的能力该如何发展？这些都是我们应该思考并付诸行动的。在此我提出我的观点：励志、创新、包容将是我们未来管理的关键词。让我们的每位老师都成为有理想、有追求、有眼光的人，我们的教育教学工作要把握时代发展的潮流，努力创新；我们要宽容学生的行为、以发展的眼光看学生，为老师、学生创造一个宽松的工作、学习环境。

作为××学校的校长，我深知自己的政治素质、文化底蕴、学科知识、决策能力、服务精神都还需要进一步提高。为此，我会更加努力、更好地为大家服务。

最后，我想用一位先哲的诗来形容我的心情与期望，那就是"智山慧海传真火，愿随前薪作后薪"。

祝愿大家身体健康、合家幸福，干杯！

第三节　升迁祝酒词

升迁是值得庆贺的事，自然少不了酒来助兴。在这种场合，祝酒词要根据祝酒人的不同而有所区别。如果是庆贺他人获得升迁，祝酒人首先要对当事人表示祝贺，然后可以阐述当事人过去的贡献，总体表达一种赞扬之意。

但如果祝酒人是当事人自己，则要求祝酒人表现出一种谦虚的态度，重点对各位领导的厚爱和同事的支持表示感谢，而对自己以往的成就要轻描淡写，切忌自吹自擂，授人以笑柄。在结尾处，当事人要表示自己不会辜负领导的厚爱和同事的支持，继续努力拼搏，做出新的成绩。

升任汽车服务经理祝酒词

【场合】升任汽车服务经理庆功宴。

【人物】领导、同事。

【祝酒人】新任经理。

尊敬的各位领导、亲爱的同事们：

大家晚上好！

非常高兴今晚能同各位在此欢聚。在昨天的竞聘中，我顺利地当选我们公司的汽车服务经理。今晚特别在此设宴，以感谢各位领导、同事的信任和支持。在此，请让我首先对各位的到来，表示最热烈的欢迎和最诚挚的谢意。

我们××公司是一个充满潜力、人才济济的团结而又温暖的大家庭。××××年,我很幸运地加入到大家的行列中,光荣地成了我们公司的一员。这里有最合理的人才管理和培训制度,使我们每个人的才干都得到了充分的施展,使我们的潜力都受到了充分的激发,使我们每个人都很好地找到了自己的定位,找到了自己事业的着力点,使我们都充满斗志,充满激情,充满着对工作的热爱。

如今,公司又为我们提供了岗位竞聘的机会,使我们能够凭着自己的能力和兴趣去选择更适合自己的岗位。而我,便是幸运者之一,幸运如我,终于踏上了向往已久的岗位。今后,我将一如既往地严格要求自己,带领着大家完成好以下几个工作目标:第一,遵守并履行××公司内部的一切规章制度;第二,打破传统思维的桎梏,最大限度地提高客户满意度及忠诚度;第三,管理售后服务部以保证满足顾客需求,提高车辆一次性修好率,关注售后服务业务的成长、利润和员工满意度的提高;第四,保证为每一个顾客提供高质量的售后和维修服务;保持一个清洁的、专业的工作环境;第五,了解顾客所关注的事情、他们的需求、期望,以制订和执行有效的行动计划;第六,在售后服务部内部及与其他部门之间创造一个良好的团队合作氛围,保证员工有一个健康的工作环境。希望大家能够一如既往地信任我、支持我,请相信,我们一定能够共同创造一个美好的未来!

让我们共同举杯,为在座各位的身体健康、工作顺利、家庭幸福,为我们共同拥有一个更加美好的明天,干杯!

升任广告总监祝酒词

【场合】升任广告总监庆功宴。
【人物】领导、同事。
【祝酒人】新任广告总监。

尊敬的各位领导、各位来宾，亲爱的同事们、朋友们：

大家晚上好！

今天是我人生中一个特别重要的日子，就在今天，我实现了多年来的梦想，终于成为了我们杂志社的广告总监。今晚，我特邀各位来此共同欢庆，一是为了和大家分享我内心的喜悦，二是为了向大家致以最真诚的感谢。我如今能够收获如此硕果，离不开各位多年来的帮扶与提携，离不开各位的关心和爱护，大恩不言谢，请大家接受我的三鞠躬吧。

我们的杂志是一本非常优秀的杂志，近年来，已经成为了国内最具影响力的杂志之一。在××社长以及××总编的带领下，我社励精图治、精益求精，努力朝着国际化的道路迈进。

我在大学期间就读的是广告设计专业，毕业之前，便对我们杂志异常向往，毕业之后，则义无反顾地来此应聘，经过重重考核，最终得以加入到广告部这个温暖而又团结的大家庭中。这些年来，在广告部，我得到了很大的历练，各位优秀的前辈对我进行了许多无私的帮助和指导，使我的业务水平在较短的时间内有了很大的提升。对于××杂志提供的这个平台，我内心充满了无限的感激，它不仅为我提供了一个施展才华的舞台，还培养了我对这份工作的深深的热爱，这一切不啻为人生中的一大幸事。

如今，各位领导对我寄予了无限的厚爱，将我破格提升为广告总监，对此，我曾一度迟疑，怀疑自己究竟是否能够胜任。是同事们的不断鼓励，使我最终获得了自信，找回了自我，使我郑重地接下了这个神圣的任务，踏上了广告总监的工作岗位。可以说，没有各位，就没有我的今天，千言万语，都无法道尽我的谢意。

在未来的工作中，由于个人能力有限，我难免会有各种各样的缺漏和不足，恳请各位同仁积极地予以指正，对于你们的意见和建议，我必将恳切地分析和考量，不断地提升和完善自我，带领各位一齐朝着更高的目标迈进。

最后，让我们共同举杯，为我们杂志社越办越好，越办越红火，干杯！

当选保卫处长祝酒词

【场合】就任保卫处长欢迎宴。

【人物】领导、同事。

【祝酒人】新任保卫处长。

【佳句妙言】一路走来，我和保卫处相互见证着对方的成长，对于保卫处的各项事务，我有着深入的了解和认识，在各项工作的开展中，我积累了丰富的经验，对于继续推进保卫处的工作充满了信心。

尊敬的各位领导、各位来宾，亲爱的同志们、朋友们：

大家晚上好！

今天，我十分荣幸地当选了我校的保卫处长一职。今晚，承蒙各位深情厚谊在此设宴庆贺，对此，在下不胜感激。请允许我向你们深深地鞠一躬，感谢你们对我的信任和支持，感谢你们对我的认可和鼓励！

我出生于××××年，××××年中专毕业后入伍，先后在炊事班和汽车连服役，立过一次二等功，两次三等功。××××年退役后，我加入了民办教师的队伍，长年工作在教学第一线，在此期间两次获评优秀教师的称号，并于××学校担任过教务处副主任一职。部队的经历培养了我高度的组织性和纪律性，使我拥有良好的工作和生活作风，并长期保持艰苦朴素的作风以及积极进取的精神风貌。而多年的教育工作，则使我拥有了高度的责任感，使我怀着教书育人的伟大志向去服务和培育每一个学生。

我校的保卫处成立于××××年，刚开始的工作由教务处辅助完成。由于拥有部队的工作和生活经验，我被校领导指派负责保卫处的筹备、建立及日常事务的工作。通过数年的努力，我校保卫处的各职能结构不断地完善，如今已逐渐成熟，而在这个过程中，我发现自己已经喜欢上了这里的工作，并在这个过程中和保卫处的同志们建立了深厚的情谊。可以说，一路走来，我和保卫处相互见证着对方的成长，对于保卫处的各项事务，我有着深入的了解和认识，在各项工作的开展中，我积累了丰富的经验，对于继续推进保卫处的工作充满了信心。

　　此次能够成功当选保卫处处长一职，可以说圆了我多年来的一个梦想。对于今后的工作，我已经做了充分的规划和设想，主要包括以下几点，敬请同志们批评指正：第一是提高认识，落实责任；第二是提高工作能力，加强内部综合管理；第三是加强校园秩序，营造校园文明环境；第四是加强管理和规划工作，以战略性的眼光看待保卫处的工作。至于其中的具体内容，我已经详细列在了工作报告中，希望各位同志能够同我进行更进一步的沟通和讨论。

　　今天能够站在这里，我感到十分的激动与荣幸。最后，我要在此对各位表示最衷心的感谢！同志们，让我们共同举杯，为感谢你们对我的信任和支持，为我们今后合作愉快，为保卫处的工作更上一个新台阶，也为在座各位的身体健康、工作顺利、幸福，干杯！

升任公司总经理祝酒词

【场合】欢送会。

【人物】××公司总经理及其他领导、员工。

【祝酒人】××公司总经理。

尊敬的各位领导，同事们、朋友们：

大家好！首先，我对总公司领导任命我为××公司总经理表示衷心的感谢，欣喜之余，也感受到了一份沉甸甸的责任。但请各位领导同事放心，我一定不会辜负你们的期望与信任，用实际行动，骄人的业绩回报你们！

根据企业发展需要，总公司对××公司领导班子进行了调整，任命我为××公司总经理，这是对我的极大鼓舞和鞭策。我于×××年×月进入公司，到现在已经快×年了。在这近××年的岁月里，我和在座的许多同事同舟共济，共同奋斗，以市场为导向，以优质服务为核心，每年均能超额完成上级组织下达的指标任务，使××呈现出一片欣欣向荣的景象，得到了总公司的好评和赞扬。我忘不了，在我工作有困难时，听到的是同事们鼓励的话语，看到的是同事们的实际行动，感受到的是同事们共挑重担的情意，可以说，各位同事就是我的军师、我强大的后盾。所有这些成绩的取得，离不开上级组织的正确领导，离不开公司"××××"重要思想的正确指引，离不开诸位同事的共同努力，离不开各部门的扎实工作，离不开老领导、老同志的关心爱护和大力支持，在此，我向你们表示衷心的感谢！

由于个人能力和水平有限，我在工作中曾给大家造成了许多困扰，对此，我向大家表示深深的歉意。

从今天开始，我正式担任××公司总经理职务，我将以踏踏实实的工作作风，勤勤恳恳的工作态度，尽职尽责地干好每一项工作，认真听取各方面的意见和建议，加强学习，全身心地投入工作。在此也真诚地希望在座的同仁，能一如既往地关心支持我的工作，多提宝贵意见，同时，我衷心希望总公司能在物力、人力、财力等多方面给予我们充分的支持和帮助。

最后，让我们共同举杯，为××公司辉煌的明天，干杯！

第六章　商务祝酒词

当今社会，许多商务谈判都是在酒桌上进行的。相对于办公室的拘谨，酒桌上则更为随意，这样就大大缩短了双方之间的距离，融洽的气氛更有利于谈判的达成。因此，祝酒往往影响着生意的顺利与否。商务场合有特定的礼仪，在祝酒的同时，应该加以注意，千万不可给人留下不讲礼貌的印象。

第一节　开业开盘祝酒词

　　开业庆典是企业单位等为庆祝开业而举办的一种商业活动，旨在向社会和公众宣传本组织，提高本组织的知名度及影响力，展现组织的良好形象，为以后的经营打下良好的基础。

　　在开业开盘酒宴上，通常由组织的负责人向接受邀请的上级领导、来宾祝酒。这里有三点要注意：

　　1. 称呼要考虑对象，宜用亲切的尊称，如"亲爱的朋友""尊敬的各位领导"等。接着要对来宾的支持和光临表示真挚的感谢。

　　2. 简要概述该组织的经营范围、良好的配套设施以及相关的服务，让大家对组织自身有一个整体上的了解。

　　3. 再次表达对到场来宾的感谢之情，同时还可以做出相应的承诺，保证为大家提供良好的服务。

科技公司开业祝酒词

【场合】开业酒宴。

【人物】县领导、公司领导、来宾。

【祝酒人】县领导。

尊敬的各位领导、各位来宾、同志们：

　　值此夏秋之交，今天××科技开发有限公司在这里举行隆重的开业庆典。在此，我谨代表县五套班子表示热烈的祝贺！向一贯支持××发展的省、市有关部门的领导和社会各界人士表示诚挚的谢意！

　　××公司为带动当地经济发展做出了一定的贡献，为发展我县龙头企业起到表率作用。创业艰辛，守业更难，我希望××科技开发有限公司百尺竿头，更上一层楼。××今天的开业庆典为万里长征迈出了坚实的第一步，这是一种有胆识的尝试，但更重要的是要靠智慧、毅力来凝聚人心，开拓市场，勇于创先。希望××科技开发有限公司肩负使命，向做强做大产业方向发展，打出××品牌、××品牌，乃至成为××省百强私营企业。

各位来宾、各位朋友、同志们，现在，我提议：为××科技开发公司开业庆典吉祥，为到会的省、市部门领导及各位来宾、同志们的健康，干杯！

家居商场开业典礼祝酒词

【场合】家居商场开业典礼。

【人物】领导、各界朋友、商场员工。

【祝酒人】家居商场负责人。

各位领导、各位来宾：

大家好！

值此秋高气爽，风和日丽的日子，我们迎来了×××家居商场的盛大开业。首先，我谨代表家居商场的全体员工，对莅临开业典礼仪式的各位领导以及前来祝贺的各位来宾表示衷心的感谢！

经过两个多月的紧张筹备，在各级领导、各界朋友的关心支持下，×××家居商场今天终于正式开业了。×××家居商场位于××市最繁华的商业街，该地区既是文化区，又是高科技区，也是高收入区，交通非常便利，消费人群比较集中，独特的地理条件加上人性化的管理模式，将是×××家居商场与其他家具城竞争的最有利条件。×××家居商场占地达到了上万平方米，商场共有七层，并设有中央空调、观光电梯、手扶自动电梯、货运电梯，商场大厅内还设有专门的休息厅，还有指示牌为顾客指引。为了体现厂商的人性化，我们还在商场内设置了总服务台、商务中心、钢琴演奏台、休闲水吧等设施，以方便更多的消费者。×××家居商场还专门为顾客准备了上千个泊车车位。×××家居商场汇集了国际国内数百家知名家具品牌，我们使用统一的品牌策划，一切服务都以顾客为中心。

可以说×××家居商场无论是在硬件还是软件设施上都是××市规模最大、档次最高、品牌最优、环境最佳、服务最好的商场之一。我们的目标就是×年内把×××家居商场建设成为全省十大家居商场之一，×年内挺进全国家居商场百强。我们秉承"精诚致信，服务至善"的经营宗旨，以"绿色、环保、健康、时尚"为经营理念，以快速的售后服务中心和物流配送中心，实现一站式全程服务，让顾客开心而来满意而归。没有最好，只有更好，不断地提升我们的服务，让顾客有最好的购物体验，这是我们×××家居商场不懈追求的目标。

我们将致力于打造最优秀的家居商场，衷心地希望我们的家居产品能为您的房间增加一丝家的味道，同时也衷心地希望我们商场的全体员工通过专业专心的服务，把×××家居商场打造成为您可以信赖的伙伴，为广大消费者提供更优质的商品、更满意的服务。

酒逢知己饮，诗向会人吟！朋友们，干杯！

谢谢大家！

农贸市场开业典礼祝酒词

【场合】农贸市场开业典礼。

【人物】领导、来宾。

【祝酒人】镇领导。

各位领导、各位来宾、同志们：

在这花果飘香、硕果累累的金秋时节，各位来自四面八方的朋友相聚在这里，为了一件共同的盛事，我们×××镇农贸市场今天隆重开业了。在此，我谨代表镇委镇政府对×××农贸市场的开业表示衷心的祝贺，并祝愿×××农贸市场开业大吉、事业兴旺。向前来参加开业典礼的各位领导、各位来宾、同志们表示热烈的欢迎！向给予×××农贸市场建设大力关心、支持和做出积极贡献的各级各单位表示衷心的感谢！

在有关部门领导和社会各界人士的关心和帮助下，×××农贸市场经过一年多的紧张施工，终于能够投入使用了。这一工程对完善我镇城镇配套功能、规范集贸市场经营、繁荣当地经济、方便广大来×××投资创业的经商户和群众生活起到了重要的作用。整个市场占地×××平方米，共有×××个摊位，可同时容纳近万人一起买卖交易。×××农贸市场周边的交通也非常便利，出农贸市场大门不到200米就有公交车站，来城区的公交车就有近十条路线，另外，农贸市场还临近×××国道和×××高速公路，地理位置可谓是得天独厚。市场内的硬件设施也都是国际一流水准，加上完备的配套设施，人性化的管理模式，×××农贸市场势必将成为我们×××镇的投资热土，也将是我镇百姓创收的一个很好的平台，将为增强我镇的经济实力起到添砖加瓦的作用。

我们刚刚度过了祖国母亲的××岁生日，现在又迎来了×××农贸市场的开幕，真可谓是双喜临门，今天也是我们期盼已久的一天。

下面我提议，让我们共同举杯，祝×××农贸市场繁荣昌盛！也祝愿各位领导以及到场的各位嘉宾朋友身体健康、事业顺利、心想事成。

谢谢！

证券营业部开业典礼祝酒词

【场合】证券营业部开业典礼。
【人物】证券公司领导及员工、金融界的朋友。
【祝酒人】营业部经理。

尊敬的各位来宾、朋友们，女士们、先生们：

今天我们怀着无比激动的心情迎来了××证券营业部的开业典礼，我将和大家一起见证这一极具意义的时刻。在此，我谨代表××证券××多名员工向与会的嘉宾朋友们表示衷心的感谢，感谢你们长久以来的支持。

××证券是经过国务院批准，由专业投资公司发起成立的一家专业性质的全国性综合证券公司，我们的业务包括了证券经纪、证券投资咨询、财务顾问、证券承销与保荐、证券自营和证券资产管理。××营业部的成立也是××证券开始向全国扩张的一个冲锋号，我们将在全国各大重点城市陆续建立起营业部，以满足日益增长的客户需求。××营业部是我们进入资本市场的第一步，也是最关键的一步，我们将通过专业的水准为客户提供专业的服务。

××证券××营业部将采用全新的理念和模式，抓住机遇，将公司的业务做大做强，如今这个已经陷入低迷正逐步走向复苏的市场，是我们发展壮大的最好时机，此时此刻，谁能够把握住机会谁就会在新一轮的竞争中获得先机，我将和广大员工一起同甘共苦，艰苦奋斗，力争完成××亿元的年营业额，为我们走向全国打响第一枪。在不断地实践过程中，我们已经建立起了一支优秀的管理经营团队，同时我们还建立起了一支后备力量，为今后的全面扩张准备了充足的人才。资本市场变幻莫测，只有做好充分的准备才能够应对突发的状况，针对各种可能发生的情况我们都制订了详细的预案，以便为我们的客户创造最大的价值，同时将损失减到最小。

今天是我们××证券××营业部成立的日子，也是我们创业梦想的开始，我们将和广大信任我们的客户一起，以专业的精神、敬业的态度共同创造历史，从今天起，你们都是××证券的主人，都是××证券辉煌的见证人。

谢谢大家！

子公司开业庆典祝酒词

【场合】开业庆典酒宴。
【人物】公司领导、来宾。
【祝酒人】子公司负责人。

尊敬的各位领导、各位来宾，女士们、先生们：

大家晚上好！

今天，我们欢聚一堂，热烈庆祝××化工有限责任公司子公司的顺利开业。在此之际，我首先向在百忙之中抽身前来参加开业仪式的各位领导和朋友们表示热烈的欢迎和诚挚的感谢！

××化工有限责任公司是××地区最具实力的以化工为主营业务的生产型企业。自成立以来，公司以××开发建设为依托，以××化工需要为己任，走高质量、高科技的发展之路，在推动××化工发展、促进地方经济建设等方面做出了积极的贡献，赢得了社会人士的广泛好评。这对我个人的发展也起到了关键性的作用，可以说我个人的命运同××化工有限责任公司有着紧密的联系。

　　今天，子公司的开业，一方面是××化工有限责任公司"多元开发"经营理念的深入实施，另一方面也构建了一个崭新的平台，更加强了我和××化工有限责任公司的关系，实现了长久以来我对××化工有限责任公司的向往。在深感荣幸的同时，我也深感责任的重大。我愿意在各位领导的指导和帮助下，以百分之百的热情，一如既往、再接再厉，共举一面旗、同唱一首歌，为××化工有限责任公司的科学发展和光辉形象做出自己应有的贡献。

　　最后，请大家共同举杯，祝××化工有限责任子公司开业顺利！祝我们的事业蒸蒸日上！干杯！

市药厂开业祝酒词

【场合】药厂开业庆典。
【人物】政府相关领导、社会相关人士、员工。
【祝酒人】个体工商协会秘书长。

各位来宾、各位朋友：

　　大家好！

　　今天，在这万物复苏、春光明媚的日子里，×××制药有限责任公司正式开业，在此，作为个体工商协会的工作人员，我代表市个体工商业协会并以全体来宾的名义向×××公司的开业表示热烈的祝贺！

　　×××制药有限责任公司是由下岗工人创办的，凭借着多年的工作经验和十足的干劲儿，在社会广大朋友的关心和支持下，终于迎来了今天这个喜庆的日子。我们祝贺他们"秋研桂露金成液，香溅橘泉玉作九。消忧去疾身长健，除灾灭病财自来"。

由于各种原因，不仅农民工纷纷下岗，也有好多的白领被迫离职，失业大军一浪接一浪，于是很多人步入失业困境。有的下岗职工整天怨天尤人，有的又自叹不如人，还有的甚至坐等花开，等着别人给他工作。可是，×××的几位创办者同样是下岗工人，他们却走出了一条不平凡的路。他们深信：要致富，只有靠自己的努力。他们树立了山高自有人行路，水深不乏破浪舟的精神，勇于克服困难，取得成功。

我们知道，药品安全是关系群众切身利益的大事。制药是为了造福人类，那就要求生产药品的厂商要以"救死扶伤"作为生产理念，每个制药人心底都要纯洁。希望×××能从为民服务出发，打造一个高素质的团队，用真心制药，做良心药。希望因为你们的存在，这个世界多些健康，少些疾病；人们的生活多些轻松，少些疲倦。

今天，你们已踏入了创业的门槛，你们肩上的责任还很重大。希望你们从一画起，一步一个脚印，一鼓作气，一往无前，一鸣惊人，一飞冲天，一举千里，会当凌绝顶，取得骄人的业绩！

最后，让我们共同举杯，祝×××制药有限责任公司生意兴隆，大展宏图！祝在座的各位身体健康，万事如意！

广场开业庆典祝酒词

【场合】×××广场开业庆典。
【人物】领导、来宾、业界同人和朋友。
【祝酒人】广场经理。

尊敬的各位领导、各位来宾、各位业界同人和朋友们：
大家好！

金秋时节，清风送爽，丹桂飘香，很高兴各位能如约参加×××广场的开业庆典。今天是个喜庆的日子，借这个难得的机会，我代表××
×广场的全体工作人员向今天到场的领导和所有的来宾朋友表示衷心的感谢和热烈的欢迎！向为广场建设付出心血和汗水的全体施工团队表示

亲切的问候！

今天，我们欢聚一堂，共同庆祝×××广场隆重开业！×××广场位于×××中心地带，是集男女服饰、儿童服装和玩具、珠宝首饰、箱包鞋帽、餐饮娱乐于一体的综合性休闲娱乐购物广场。优越的地段让你出门即可购物，独特的电梯设置让你上下楼层快捷方便，舒适的环境让你流连忘返，优质的服务让你倍感亲切，全新的设计，全新的体验，必将给您耳目一新的感受。×××是您购物休闲的最佳场所，也是各商家投资、创业、理财的新途径。

当今社会，商业发展如火如荼，竞争日益激烈。对于×××来说，挑战和机遇同在，困难和希望同在。面对挑战和困难，我们一定会迎难而上，全力以赴；面对机遇和希望，我们一定会紧紧握牢，倍加珍惜。我们坚信，×××广场必将在市场上傲然挺立，拥有一席之地！"有朋自远方来，不亦乐乎"，期待各位领导、四方来宾、各界朋友给以更多的支持、关心、重视和理解。

千秋伟业千秋景，万里江山万里美。为了不辜负领导、董事长和社会各界的期望，我们×××广场全体员工将团结一致，坚持求变创新的开拓精神，强化管理，规范运作，热忱服务，爱岗敬业，和诸位业界同人一起，全力以赴，共同致力于社会的建设发展，为我们生活的这片土地更加繁荣昌盛添上辉煌灿烂的一笔！

最后祝各位领导、各位嘉宾、各位朋友身体健康，生活幸福，事业兴旺！祝×××蒸蒸日上！

连锁店开业庆典祝酒词

【场合】连锁店开业酒会。
【人物】主持人、连锁店职员、嘉宾。
【祝酒人】主持人。

女士们、先生们、各位街坊四邻和朋友们：
    大家好！

又是一个金色的十月，又是一个收获的季节。今天，××连锁店车马盈门、紫气东来，吉时开业，大富启源！

朋友们！××连锁店地处风景秀丽、柔美婉约的××市，有一种永远不会散去的水乡味道！××的饮食文化，历史悠久，犹如一路唱着经典的百年老歌，欢笑着奔向了文明古老的××，扎根落户在这美丽富饶、繁花似锦、人杰地灵的礼仪之邦——××大地上。

××连锁店是中国特色餐饮业中颇具影响力的品牌之一，是一家集餐饮设备研究、开发、咨询、策划为一体的连锁加盟企业。以倡导"传统与时尚共享，美味与健康并存"的饮食文化为己任，秉承"诚信、创新、专业"的理念，依托中华民族博大精深的传统美食精髓，相继推出××系列美食。其产品以色泽美观、味美可口、营养丰富而盛誉内外。尤其是××连锁店的×总，是一位为江南特有的美食文化做出巨大贡献的民营企业家。曾经有一位著名的美食专家夸赞他"名扬塞北三千里，誉满江南百万家"。相信在×总的带领下，××连锁店将生意兴隆，红红火火。

朋友们，在这激动人心的时刻，让我们共同祝愿××连锁店：生意兴隆通四海，财源茂盛达三江。祝来宾朋友、街坊四邻食用××美食延年益寿、身体康健、五福临门、万事如意！再次感谢各位的光临！

酒店开业庆典祝酒词

【场合】庆典宴会。
【人物】领导、嘉宾。
【祝酒人】总经理。

尊敬的领导、来宾，各位业界同人和朋友们：

大家好！

很高兴在今天这个特别的日子里，我们欢聚一堂，共同庆祝××大酒店隆重开业！

首先，请允许我代表××大酒店的全体员工，向今天到场的领导、董事长和所有的来宾朋友们表示衷心的感谢和热烈的欢迎！

××大酒店位于××市中心地带，集商铺、办公、酒店、餐饮、休闲、娱乐于一体，是按照四星级旅游涉外饭店标准投资兴建的新型综合性豪华商务酒店。

"御井招来云外客，泉清引出洞中仙。"在百业竞争万马奔腾的今天，特色就是优势，优势就是财富。××大酒店若想在激烈的市场竞争中占据一席之地，或者独占鳌头，一定要有自己的特色，创造自己的品牌。此外，还需要科学管理、准确定位，用一流的服务创造一流的效益，真正做到"诚招天下客，信引四方宾"。

在今后的发展中，我们全体成员将团结一致，众志成城，共同为××大酒店的发展做出最大努力。正如我们的董事长所说，××大酒店是"我们××人智慧和汗水的结晶"。它的筹划和诞生，倾注了我们××人的所有心血，凝聚了××全新的信念。欣慰的是，有这么多的朋友默默地关心和支持着我们，陪伴我们一路走来。其中，有××市领导的高度重视和政策指导，有我们××集团高层的殷切关怀和鼎力扶持，有社会各界朋友的热心帮助等，这些让我们感激不已。

为此，我将携全体工作人员，用良好的业绩来回报各界，为××市进一步的繁荣昌盛添上辉煌灿烂的一笔！以不辜负领导、董事长和社会各界的期望！

最后，我要特别感谢××市领导的莅临指导，感谢董事长于百忙之中亲临开业现场致词！再次感谢各位朋友的光临！

谢谢大家！

庄园开业祝酒词

【场合】庄园开业庆典。

【人物】相关工作人员、应邀嘉宾、业界朋友。

【祝酒人】庄园董事长。

尊敬的各位领导、各位来宾，女士们、先生们：

首先请各位用双眼环顾四周，用双耳静静聆听。看，这里有亭台楼榭，这里有碧水蓝天，这里有花草绿林。听，这里有鸟鸣虫吟的天然音乐。这里就是我们打造的美丽而动人的×××庄园。今天，我们正式开业了！

值此开业庆典之际，我谨代表庄园开发的投资股东和全体员工，衷心感谢×××建筑团队，是他们用智慧和勤劳使×××庄园顺利建成，同时，向前来参加×××庄园开业庆典的各位嘉宾和新老朋友，表示热烈的欢迎！

想当初，此地一片荒芜、人烟罕至，到如今，俨然一幅良辰美景，生机盎然的立体图画。如此大的转变饱含了我们的用心良苦。建园之初，我们看中的是现在正处于扩大对外开放的良好氛围和宽松的、有利的投资环境与发展环境。由于现代都市生活的节奏快、频率高、压力大，都市公众需要一个轻松愉悦、修身养性的度假场所。为此，我们抓住机遇，积极准备。首先，我们确定了"让每位朋友满意而归"的办园宗旨，在专业人才的规划下，通过质量过硬的建筑施工队伍的建设，从细节到整体，×××庄园终于达到了我们理想中的目标。其次，我们尊崇"健康、文明、有益身心"的服务理念，坚持"诚实守信、遵纪守法"的经营原则，打造了一支高素质高强度的服务团队。

如果疲倦，不妨到×××走一走，这里闭目就可养神；如果乏味，不妨到×××看一看，这里每个角落都充满无限生机；如果开心，不妨到×××说一说，这里的一灰一尘都希望因分享到你的快乐而得到滋润。×××庄园讲究动与静的结合，乍一看，万物俱静，事实上却活力无限，不信，你走到人工湖畔，便可见"鱼戏莲叶间，鱼戏莲叶东，鱼戏莲叶西，鱼戏莲叶南，鱼戏莲叶北"的热闹场面。只要你善于发现，这里的一草一木都会给你带来无穷的惊喜。

作为×××庄园人，我相信，只要大家齐心协力，一定能逐步形成自己的经营品位，打出庄园的服务品牌。

最后，祝在座的各位在×××庄园度过轻松愉快的一天。

校健身健美协会开业典礼祝酒词

【场合】学校健身健美协会开业典礼。

【人物】健身协会会员，对健身感兴趣的各方朋友。

【祝酒人】健身健美协会会长。

高贵的俊男们，贤惠的靓女们：

今天是一个值得我们记住的日子，因为××学院××健身健美协会今天开业了，我们本着弘扬大学文化，提高大学生身体素质，拓展学生自由个性新空间的原则，创办了本协会。今天是我们协会正式开业的第一天，也是我们协会所有会员一起辛苦得到的最好礼物。

在此之前，我们××健身健美协会已经建立起了雄厚的群众基础，在各院系都有我们的健身团队。在学校领导的关心和支持下，在各位会员的共同努力下，××学院××健身健美协会终于正式成立了。此次举行正式成立大会旨在将我们协会建立成为学校内所有爱好健身健美的同学共同交流、展示自我的一个全校性质的平台。我们协会每年都组织丰富多彩的健身活动和比赛，让会员充分地展示自我，使得我们在锻炼身体的同时也锻炼了身心，还可以结交更多的朋友，丰富我们的课余生活。

××学院××健身健美协会拥有健身自行车、划船器、楼梯机、跑步机、哑铃、壶铃、曲柄杠铃、弹簧拉力器、健身盘、弹力棒、握力器等专业健身器材，协会还专门开设了跆拳道、国标舞、街舞、健身操、有氧拉丁、健美操等多种多样的课程，以供各位会员选择。我们和××健身俱乐部以及××健美中心有着良好的合作关系，每周我们会从两家专业俱乐部请来专业健身教练指导会员进行有条理、有计划的训练，同时每个月也会从优秀会员中挑选出几名到这两家专业俱乐部进行免费体验。除了跟专业俱乐部有不错的合作关系外，我们××学院××健身健美协会本身也有着雄厚的师资力量，专业的老师将为我们的会员制订专业的健身方案，面向个人进行有针对性的训练。定期的健身讲座和比赛也已经成为了最受学院欢迎的项目之一，我们将继续坚持下去，并根据会员的意见进行改进，希望各位会员一如既往地支持我们，让我们共同建设好我们自己的健身家园。

享受健身的快乐，品味多彩的人生，××学院××健身健美协会跟大家一起健康、快乐、美丽的成长，谢谢！

社区婚姻介绍所开业祝酒词

【场合】婚姻介绍所开业庆典。

【人物】婚姻介绍所工作人员、工会、共青团、妇联领导等各界人士。

【祝酒人】区妇联领导。

各位来宾、各位朋友：

喜扮月老牵红线，乐做红娘搭鹊桥。今天，作为区妇联工作人员，我也当上了红娘，只不过不是为姑娘小伙配双配对，而是为几个年轻人和×××婚姻介绍所牵上了红线。今天×××婚姻介绍所正式开业，希望他们能系紧这条线越走越远，生意越做越红火。在此，我代表全体社区人民，向×××婚姻介绍所的开业表示热烈的祝贺！

就当前的状况来看，婚介行业，可以说不容乐观。婚介行业是新时代兴起的新兴事物，一方面，有庞大的单身择偶群体需要诚信、规范和人性化的婚介服务；另一方面，婚介行业本身也存在着诸多的缺陷，如整个行业没有统一的服务标准，加之婚介中介服务的定位、定性不明确，导致行业难以规范，缺乏诚信，已经引起广大单身择偶群体和社会很大的关注。但是，几位年轻人凭着他们初生牛犊不怕虎的闯劲，逆流而上，终于创办了×××婚介所。

社会需要和谐，正如高山需要流水，玉树需要临风，风景才美。和谐需要互补，男人有阳刚之气，女人有温柔之心，二者互补便造就了人类的和谐美，而婚姻介绍所的重要职责也就在于此。男人需要一个女人，女人需要一个男人，男人女人都需要一个爱人。可是由于现代的生活节奏过快，工作压力过大，部分人已经无暇谈恋爱，更别提结婚了。一旦当你碰上心上人，哪知，别人已经名花（草）有主了，于是，无奈地叹息道："我要是早点遇上她（他）该多好！"为了不要再发出同样的叹息声，不妨到×××来吧。×××可以让你结识更多的异性朋友，一定会让你遇到你心中的那个他（她）。

最后，祝愿×××婚介所开业大吉，人源滚滚！祝单身的男女同胞们早日在×××找到如意伴侣！

第二节 投资洽谈祝酒词

投资洽谈会一般都是由政府部门主办，展现当地的优势，吸引外部商户前来投资，同时为本地树立良好的形象。这类祝酒词场合更为正式，有时候还需要结合中央或者地方的一些政策。

投资洽谈会的目的在于吸引投资，因此，祝酒词的重点应放在阐述本地区的各方面优势，以及如何能给投资者带来收益。这种情况下，可以用精确的数字说明一下本地区的经济能力、政府的支持力度等，精确的数字能够给人以信服感。最后，应预祝此次投资洽谈会获得圆满成功。

海鲜节暨国贸洽谈会祝酒词

【场合】洽谈会晚宴。

【人物】领导、企业家、来宾。

【祝酒人】领导代表。

尊敬的各位领导、各位来宾，女士们、先生们：

大家晚上好！

在这百花盛开、万木葱茏的×月，在海内外宾朋和社会各界的热切期盼中，第×届中国××海鲜节暨国际经贸洽谈会今天隆重开幕了。在此，我代表××市委、市人大、市政府、市政协，代表全市××万人民，向莅临盛会的各位领导、各位来宾表示热烈的欢迎和衷心的感谢！

××地处长江入海口，滨江临海、毗邻上海的独特区位，优越的地理位置使××享有"江风海韵北上海"之美誉。经过多年发展，如今的××经济基础雄厚，产业结构合理，社会事业发达，特别是"海鲜节"的举办，为××带来了丰厚的收益。对××而言，"海鲜节"不但是扩大开放、促进合作的一座桥梁，更是增进交流、共谋发展的一个平台。

近年来，我们通过举办"海鲜节"，为海内外客商投资××、创业××，搭建了互动交流、共谋发展的平台。一大批国际知名企业抢滩××，一大批外商投资项目落户××。随着×××大通道的开工建设和沿××沿海开发战略的实施，××将全方位融入上海一小时都市圈，全面凸显与上海的"同城效应""交通枢纽效应"和"投资洼地效应"。

千载难逢的发展机遇，必将使地理位置优越、江海资源丰富、生产要素宽裕、投资成本低廉的××，成为海内外产业资本转移的首选之地，××必将迈开跨江越海的雄健步伐。未来的发展中，我们将继续致力于建设亲商安商、清廉法治、规范高效的服务型政府，着力营造商务成本低、承载能力强、市场秩序好、人居环境优的投资环境，以开明的态度、开放的心态、开阔的胸怀、开拓的精神，为投资者提供优质、高效、规范的服务，努力以一流的营商环境让投资者在××放心发展，以开放亲和的发展氛围让投资者在××舒心创业。

尊敬的各位来宾，各位朋友，××发展的美好蓝图需要我们一起描绘；××发展的美好未来需要我们共同开创。"亲商、安商、富商"是我们不变的承诺；"共兴、共荣、共赢"是我们永恒的追求。海纳百川，有容乃大。××正敞开宽大的胸怀，期待海内外客商和各界朋友前来投资创业，与我们携手开创更加广阔的发展空间和更加美好的未来！

最后，让我们共同举杯，预祝第×届中国××海鲜节暨国际经贸洽谈会取得圆满成功！衷心祝愿各位来宾、朋友身体安康、事事顺利、家庭美满，干杯！

旅游交易会祝酒词

【场合】旅游交易会。
【人物】领导、嘉宾。
【祝酒人】领导代表。

各位领导，各位来宾：

金秋九月，秋风送爽，丹桂飘香。在这美好的时节，我们在这里隆重举办×××年××旅游交易会，这既是加快中西部经济技术协作区旅游发展的一项重大举措，也是加深中西部经济技术协作区旅游界之间友情的一次重要活动。在此，我谨代表中共××市委、市政府和×××万热情好客的××人民向出席今天旅游交易会的各位领导、各位来宾表示最热烈的欢迎！向长期以来关心、支持中西部旅游发展的各位嘉宾和社会各界朋友表示最衷心的感谢！

　　××是一座具有两千多年建城史的全国历史文化名城，自古物华天宝、人杰地灵。悠悠岁月的丰富遗存，美好自然的慷慨馈赠，使××既为我市大力发展旅游积聚了巨大的潜力，也使我市旅游充满了无限的魅力，吸引了众多旅游者的目光。

　　我们也深知，××旅游要想大发展、快发展，仍然离不开大家的呵护与支持。我们举办此次交易会的目的，就是为了使大家更好地认识××、了解××，并通过你们广邀海内外各界人士，到××指导工作、观光旅游、洽谈交流、合资合作，在更高层次上实现中西部旅游发展的良性互动，极大地促进包括××在内的中西部地区旅游资源的开发利用，使××以及中西部地区真正成为海内外游客向往的旅游胜地。

　　我们深信，经过我们大家的共同努力，此次交易会一定能够取得圆满成功，中西部旅游的明天一定会更加美好。

　　最后，祝各位领导、各位嘉宾身体健康、工作愉快、万事如意，祝愿我们的友谊天长地久！干杯！

经贸论坛宴会祝酒词

【场合】宴会。

【人物】领导、嘉宾。

【祝酒人】领导代表。

尊敬的各位领导、各位嘉宾：

　　大家下午好！

　　在风景怡人的××江之滨，在钟灵毓秀的××山下，我们相聚×

地，隆重举××（两地地名的简称）经贸交流与合作高峰论坛，同叙友谊，共谋发展，其情真真，其意切切。借此机会，我谨代表×地市委、市人民政府和××万×地人民，对远道而来的各位嘉宾贵客表示最热烈的欢迎和最诚挚的问候！

友谊架通合作桥，开放拓宽发展路。近年来，××两地之间的不断深化交流与合作，取得了丰硕成果，此次论坛的成功举办就是最好的证明。我们将以此为契机，积极开辟合作新途径，不断拓宽发展新空间，加快对外开放步伐，降低市场准入门槛，提升政务服务水平，使×地成为经济社会快速发展、核心竞争力不断增强的区域性中心城市，成为×地资本输出、产业转移的重要基地。我相信，在××两地的共同努力下，友谊的桥梁一定会化作腾飞的翅膀，真诚的合作一定会敲开成功的大门！

最后，我提议，祝愿我们的友谊天长地久、各位身体健康，干杯！

医药物流公司洽谈会祝酒词

【场合】医药物流公司商业洽谈会。
【人物】政府领导、企业家、公司领导、员工。
【祝酒人】医药物流公司负责人。

各位领导、各位专家，女士们、先生们、朋友们：

大家下午好，欢迎大家来到本次××医药物流公司商业洽谈会，新春逢盛会，八方聚宾朋。在这样一个鲜花绽放的春季，在这样一个阳光明媚的春天，我们欢聚一堂，目的就是联络老朋友、认识新朋友，共同谋求发展。对此，我代表××公司向与会的各位领导、专家、社会各界的朋友们表示衷心的感谢和热烈的欢迎！

回首即将过去的××××年，我们会发现今年是医药物流行业的一个新起点，新医改的各项配套政策还将陆续出台，并实质性影响现有的药品批发、零售格局，可以说今年将是医药物流行业蓬勃发展的一个拐点。我们××医药物流公司也将乘着这股东风与大家一起乘风破浪，勇往直前，共同发展。××医药物流公司是国内最早从事医药物流行业的企业之一，在这个行业拥有很高的知名度和信誉度。经过多年的发展，目前××医药物流公司已经成为××省最大的医药物流公司，也是全国医药物流公司的十强之一，与我们合作的企业商家都是高兴而来满意而归。公司在发展过程中不断壮大，正在建设的新物流仓库面积在×××万平方米以上，仓库将统一采用自动分拣系统、WMS 系统、电子标签辅助拣货系统、RF 手持终端等现代物流与信息化设施设备。以往的仓库也将进行升级改造，年底之前完成全部物流仓库的信息化改造，为进一步的发展做好基础准备。

优化供应链管理，减少配送环节，加快分销速度，降低交易成本是目前多数企业面临的问题，本次洽谈会将对这些方面的问题进行深度的探讨，我们也请到了国家中医药管理局的×××教授做专题讲座，欢迎各位专业人士一起讨论。

最后，预祝大会取得圆满成功！祝各位领导，各位专家、企业家和各位朋友事事顺心！谢谢。

第三节　签约仪式祝酒词

签约仪式既包括公司企业之间的，也包括政府部门之间的。根据主体不同，祝酒词会有不同的侧重点。公司之间的签约仪式上，要求祝酒词对签约双方都做简单介绍，在说明本身优势的同时，也要赞扬对方公司的实力，最后要表达出希望合作愉快，取得成功之意。

如果签约仪式涉及政府部门，祝酒词应注重一定的官方性和正式性，可以加入一些政府政策方面相关的话语，同时还要表达出政府部门对此次合作的支持和赞同。

项目投资签约仪式祝酒词

【场合】签约仪式。

【人物】××镇政府领导、××镇工业园区负责人、签约企业领导及相关负责人。

【祝酒人】××镇副镇长。

尊敬的各位领导、各位来宾，同志们，朋友们：

大家好！

在这金秋时节，××工业园再次赢来了投资的高潮，让我们以热烈的掌声对××公司落户××工业园表示欢迎和祝贺！

近几年来，××工业园的开发建设，在市级领导的亲切关怀和指导下，在××镇政府和园区领导的合作下，取得了突破性的进展。×××年，园区被省政府认定为全省首批××工业园之一。目前，园区共投入资金近××万元，完成了道路、水、电等基础设施以及办公场所的规

第六章　商务祝酒词

划建设。招商工作进展异常顺利，共引进××家高素质的企业进驻，今天签约的××公司就是其中之一。

××公司于××××年在××成立，主要生产高科技电子信息产品，产品主要销往亚洲、美洲、欧洲等国家和地区，年产值达××亿元，是一家拥有高科技、高效益、高知名度的"三高"企业。目前，××公司在我市的三家公司累计总投资金额超过××万元。××公司在我镇投资发展以来，勇于开拓，精益求精，以一流的技术、一流的管理、一流的人才、一流的质量赢得了市场。

近年来，鉴于××公司的不断发展，一大批优秀的××企业开始落户我工业园区，我镇××产业的综合实力不断增强。目前，我镇有外资企业××家，台资企业××家，上市公司××家。在此，请允许我代表镇政府对以××公司为首的企业，为我镇的招商引资所做出的良好示范与带动作用，以及为我镇的经济社会发展做出的重大贡献，表示真诚的谢意！

在今后的日子里，我们将进一步加强工业园区的环境建设、基础设施建设，增强服务意识，提高服务水平，切实做好配合协调，为所有入园企业的发展提供优质的服务。

最后，让我们举起酒杯，祝愿××公司事业越做越大，生意越来越红火！祝福在座的各位身体健康，工作顺利，家庭幸福！我相信，只要我们三方精诚合作，携手共进，就一定能为推进园区产业发展、园区企业的建设做出新的更大的贡献！

谢谢大家！

开发项目签约仪式祝酒词

【场合】签约仪式。

【人物】共青团××区委、××县委领导、××县政府领导、共青团员等。

【祝酒人】××县县长。

各位领导、青年朋友们：

在这个春光明媚、百花开放的美好时节，共青团××区委、共青团××县委友好协作团委座谈会暨签字仪式将在这里隆重举行。请允许我代表中共××县委、××县人民政府对前来我县指导工作的××区的各位领导和青年朋友们表示热烈的欢迎！向座谈会暨签字仪式的举行表示衷心的祝贺！

这次，双方正式确立友好协作关系，开启了携手合作的新篇章，标志着××县与××区的交流合作已经迈入了一个发展新阶段，这也是我县发展史上的又一件大事、喜事。面对此情此景，我的心情非常舒畅，这让我回想起上次愉快、圆满的××之行。那次，我非常荣幸地参加了县政府组织的赴××学习参观的考察团。考察工作得到了××区委、区政府的热情接待和大力支持，让我们深深感受到了××人民的深情厚谊。同时，××区繁华优美的市容市貌、经济高速发展的良好局势、先进务实的工作理念、干群一心干事创业的精神，也让我们难以忘怀，激励着我们以更务实的理念和更坚定的信心去实现我县经济强县、构建和谐××的目标。

我区建区××年来，一直大力实施"开放带动"的首选战略，充分利用"两个市场、两种资源"，宽领域、多层次地参与国际、国内经济的分工与合作，各项事业都获得了蓬勃发展。经济社会综合评估连续四年位居全市第一。今天，××项目的签订，与实力雄厚的××房地产有限公司董事长×××先生的战略眼光是分不开的。

广结四方志士贤达，喜迎八方宾朋来客。热情的××人亲商、爱商、便商、富商、安商，投资××兼具天时、地利、人和。在此，我代表中共××区委、区政府再次向大家承诺，我们一定会全心全意为客商、为项目提供最优惠的政策、最周到的服务，我相信××项目的建设会很好地印证这一点，成为××招商引资的优良典范。

让我们举杯相庆，把酒言欢，共同庆祝这一辉煌时刻的到来！最后，预祝××区开发项目建设取得圆满成功！祝在座的各位领导、各位嘉宾身心健康、合家幸福！

谢谢大家！

校企合作办学签约仪式祝酒词

【场合】签约仪式。

【人物】高校领导人、企业负责人等。

【祝酒人】高校负责人。

尊敬的各位领导、各位来宾、女士们、先生们：

下午好！

四月的××，草长莺飞，分外清丽。今天是一个喜庆的日子，也是一个难忘的日子。通过一段时间的积极筹备与友好协商，今天，我们在这里隆重举行签约仪式，这标志着××学院与××公司在合作办学、开放式办学方面跨入了更高、更新的平台。首先，请允许我代表××学院党委和行政部门对出席仪式的各位领导、各位朋友，对参加签约仪式的××公司的×总及有关同志，表示最热烈的欢迎！

为适应21世纪这个信息化、全球化、高科技的时代，××学院自建院伊始，始终本着"依托区域优势、铸造品牌名校"的办学宗旨，追踪高新技术发展前沿，紧跟企业人才需求实际，以培养具有创新精神和创业能力的高技能应用型人才为根本任务。在实际教学中，××学院实行开放式办学和产学教结合，并不断加强与企业、行业的交流合作，建立稳定的校外实验、实习、实训基地。通过与企业的"零距离"办学，以学生在企业实习、实训不断线的模式和途径来加快新型人才的培养。本次我院与××公司校外滚动式实习实训基地的成功创建，就是一次校企"零距离"对接的成功实践，也是我院开放式办学的又一次大胆创新。

作为学校教学计划的一部分，实习是全体学生学业考核的必经过程。实习实训优秀的学生，不仅将获得学院的课程学分，而且还将获得公司颁发的证书。可以说，这是一次真正意义上的学校、企业、学生三位一体的有机结合，为我院学生在未来的就业市场上进一步提升竞争优势提供了重要依据。

好的开头是成功的一半！希望在合作办学中，双方能够将××实习实训基地维护运作好！最后，祝愿××学院与××公司合作愉快，祝××公司事业蒸蒸日上，祝各位领导、各位嘉宾身体健康。谢谢大家！

花卉项目签约仪式祝酒词

【场合】签约仪式酒会。
【人物】公司领导、新老客户。
【祝酒人】镇领导代表。

各位领导、各位朋友，女士们、先生们：

大家好！

在这七月流火、八月锦绣的盛夏，在万木争荣、百花争艳的××城，我们尽享青山绿水给予我们的抚慰和滋润，尽享园林美景给予我们的舒适和愉悦。

在这样美好的季节里，××有限责任公司××亩花卉项目，今天举行签约仪式。应邀前来参加这个仪式的市领导和市直部门的负责同志有×××、×××、××等，让我们以热烈的掌声对各位领导和来宾的到来表示热烈的欢迎。

首先，我向大家汇报一下该项目的工作情况。此花卉项目从去年×月份开始谈判，到今天正式签约，进展过程中，得到了××单位的大力支持，在项目用地的测量、绘图等多个方面都做出了积极的努力。××有限责任公司对这个项目进行了多次考察、论证；××村通过召开村"两委"会议、村民代表大会，赢得了群众的理解和支持，保证了项目的顺利实施；镇政府为促使项目尽快落户，在项目区内重新铺设了一条××米长、宽×米的沙石路。在各方的共同努力下，今天这个项目正式签约了，在此，我代表××有限责任公司向一直关注、支持项目发展，关注、支持××镇发展以及前来投资的各位领导、朋友表示诚挚的谢意！

我们将为项目的顺利实施提供优质服务，为企业发展创造一流的服务环境、工作环境和社会环境，全方位支持项目在××镇的发展壮大。同时，希望××有限责任公司能够按照合同的要求，组织好项目的落实，力争使项目尽快发展成带动我镇经济结构调整的龙头。我相信，在我们的共同努力下，在上级领导和部门的大力支持下，这一项目一定能够在××镇健康发展，投资者也一定会得到丰厚的回报。

最后，再次感谢在座的所有朋友，祝愿大家工作顺利、家庭幸福、心想事成！

谢谢大家！

第七章　政务祝酒词

一般来说，政务酒宴的参与双方都是政府的相关部门，因此，祝酒词一定要注意庄重性和严肃性，遵循一定的行文规范，千万不可随意发挥。一篇优美的祝酒词不仅可以促进双方的交流和沟通，增进彼此感情，还能推动政务工作的顺利开展。在政务场合祝酒时，要严守礼仪，切不可酒后失态，破坏政府部门的良好形象。

第一节　国内考察祝酒词

一般而言，国内考察是为了吸收对方成功的经验、促成双方的合作，或者是对对方进行考核。根据情况的不同，祝酒词也有所不同。祝酒人首先要弄清楚祝酒的目的、对象和意义，以便做必要的准备。

政务宴会上尤其要重视礼仪。碰杯时，主人和主宾先碰，人多可同时举杯示意，不一定碰杯。祝酒时不要交叉碰杯。在主人和主宾致词祝酒时应暂停进餐，停止交谈，注意倾听，也不要借此机会吸烟。要记住不过度饮酒，更不要酒后胡言乱语，扰乱整个酒会，只有这样才能为自己、为机关树立一个良好的外部形象。

项目考察会祝酒词

【场合】××项目考察会。
【人物】项目考察组成员、地方政府领导。
【祝酒人】政府领导。

各位来宾，各位朋友：

大家下午好，××欢歌迎远客，××盛妆待嘉宾。今天，我们××县迎来了一批尊贵的客人，那就是来自省里的××项目考察团一行××人。××项目是造福我县百姓的大工程，在此我谨代表全县人民对省××项目考察团的到来表示热烈的欢迎和诚挚的问候！

××县地处祖国西南边陲，历史上交通就不便利，中华人民共和国成立之后，国家在××县修建了几条新道路，由于时间久远，目前很多路段已经破旧不堪，这对××县人们的生活出行造成了很大的影响，为此省里特别重视，给予了××县特殊的关怀，计划在××县启动××项目，此次考察团来到我们××县就是来考察项目的可行性的，我们对此表示衷心的感谢，你们辛苦了。

　　××县民风淳朴，治安稳定，全县盛产热带水果和蔬菜，由于此前道路不太畅通，经常会发生东西卖不出去的状况，这在一定程度上也打击了农民生产的积极性，很多人听说考察团来到了县里，要为大家修路，纷纷表示欢迎，并盛情邀请考察团到下面去多走走多看看，了解一下我们××县山清水秀的生态环境，了解一下我们××县善良质朴的农民。

　　经过考察团仔细调研之后，我们××县的××工程将很快启动，届时我们欢迎考察团的各位同志再次光临我们××县，来参加我们的××工程启动仪式，我们将以最高的礼遇欢迎各位的到来。经过我们全县人民的共同努力奋斗，一定会将此项利国利民的大型工程按时完工，争取早日让它为百姓服务。

　　最后，再次感谢各位考察团的朋友，祝我们的家乡繁荣昌盛！

两地交流迎宾祝酒词

【场合】两地交流会。

【人物】两地领导。

【祝酒人】地方领导。

尊敬的××书记、××县长及××县的各位领导：

　　大家好！在这样一个春暖花开的季节，各位在百忙之中抽出时间来到我们××县进行参观考察，我们感到非常的荣幸，在此，我谨代表××县委领导班子对各位的到来表示热烈的欢迎。

　　××县与××县从历史上就是唇齿相依的兄弟县，我们××县的经济与贵县的经济刚好形成了互补，贵县是一个农业大县，以生产优质优良的农产品而远近闻名，而我们××县则是以工业生产为全县的经济主力，全县拥有大型生产企业近百家，由于地理位置的原因，许多国内外的大企业都将自己的生产厂地建在了我们××县，使得我们××县拥有了全省乃至全国最大的××生产基地，工业生产总值占到了总生产值的

×成以上，正是由于这样的原因，我们双方在很多方面都应该加强合作，互惠互利，利用自身发展的优势来弥补不足。

去年，贵县与我县共同举办了首届文化艺术节，这是我们在文化活动方面的首次合作，取得了不错的效果，双方人民都感受到了对方的地方文化特色，今后我们还将继续合作共同举办类似活动。今年开始，我们××县在发展工业重点项目的同时，也将对农业生产方面加大投入，这时我们就需要向贵县取经了，希望能够得到贵县的支持，加大我们在农业生产方面的交流，同时，我县就工业生产方面的经验也可以与贵县进行深入的交流探讨，以求达到共赢的目的。

时代在变化，不变的是我们××县和××县人民深厚的友谊，××县领导的这次来访是对我们××县的尊重和重视，也坚定了我们互相学习、互相交流的信念，希望以后我们可以在更多的方面进行更深入的了解，更大范围地拓展两地人民的交流。

我们衷心地祝愿××县与××县两地之间的交流与合作日益加强，友谊更加深厚绵长！让我们共同朝着全面建设社会主义现代化强国的伟大目标，迈出更为坚实的步伐，取得更加丰硕的成果！

谢谢大家！

经贸考察团回乡考察招待晚宴祝酒词

【场合】招待晚宴。
【人物】区委领导、海外客商。
【祝酒人】区委书记。

尊敬的各位侨胞、各位乡亲，女士们、先生们：

水乡好风景，金秋喜相逢。我们很高兴地迎来了回乡省亲考察的各位尊贵客人和新老朋友。首先，请让我代表××区委、××区人民政府，以及×××万人民，向远道而来的各位海外乡亲表示最热烈的欢迎和最诚挚的问候！

发展为大，发展为先。近年来，在市委、市政府的正确领导下，在广大海外乡亲的热忱帮助下，全区人民团结一致、奋力拼搏，使××又有了新的发展、新的变化，经济总量继续快速增长。目前，××经济欣欣向荣，社会安定和谐，人民安居乐业，发展前景美好。我们将乘着党的××大的东风，依托××战略平台，在广大海外乡亲的支持下，努力把××建设成为最美丽的城区，为建设××城市做出新的更大贡献。

月是故乡明，人是故乡亲。长期以来，广大海外乡亲身处异国他乡，以拳拳之心，情系桑梓故里，为家乡发展做出了积极贡献，对此，我们表示由衷的感谢。同时，我们也诚恳地希望海外乡亲多回家看看，更多地了解家乡，选择到家乡投资兴业，实现取得经济效益和支持家乡发展的双赢。

最后，衷心地祝愿各位乡亲在家乡的考察活动圆满成功！祝各位身体健康、生活愉快、事业发达！谢谢大家！

迎接检查验收组宴会祝酒词

【场合】迎接检查验收组宴会。
【人物】验收组、验收单位代表、政府领导。
【祝酒人】验收单位负责人。

尊敬的各位领导、各位专家：

你们好！

小河扬波传喜讯，大山点头迎嘉宾。在这丹桂飘香的十月，我们怀着十分激动和喜悦的心情迎来了××项目检查验收组的同志们。我谨代表××项目组全体成员对你们的到来表示热烈的欢迎！

××项目是我县争取的一个国家级大项目，工程从一开始就受到了省市县各级领导的关心和支持，在很多方面都为我们打开了方便之门，使得我们能够顺利地如期完成这项工程。××工程对于我们××县有着极其重要的意义，我们××县是一个以农业生产为主的人口大县，每年政府都要为全县的农业生产增收等问题开很多次会议，解决生产过程中存在的一些问题。由于地处西北内陆地区，××县的水资源相比其他地区不是很丰富，以前都是靠天吃饭，很容易出现粮食歉收的情况，正是为了解决××县农业用水困难的问题，××县领导班子向国家争取了××项目。××工程是一项利国利民的工程，我们也是怀着要为家乡人民做点贡献的激动心情来接受这项光荣的任务的，如今，我们按照计划如期将××工程完工，心情更是激动不已。××工程凝聚了我们××人的期盼，我们只有很好地完成这项任务才有脸面与家乡父老相见。

检查验收组各位同志的到来，充分体现了上级部门对我们××县全体人民的关心，我们将借这次检查验收的机会，向你们学习更多更好的经验，也欢迎检查组的同志对我们工程中存在的不足或可以改进的地方给出一些意见和建议。我们将对此进行深入的学习和改进，使得××这项造福××县人民的工程真正发挥它的作用，也使得我们工作组人员的能力更上一层楼。

最后，祝各位检查组的同志此次××县之行一帆风顺、万事如意！谢谢大家！

考察结束告别祝酒词

【场合】欢送考察团宴会。

【人物】各级领导、工商考察团。

【祝酒人】考察团领导。

尊敬的各位理事长、各位顾问，亲爱的各位女士、各位先生：

今天是个特殊的日子。我和我的两个同行××先生、××先生赴××工商考察团的考察工作顺利完成。首先，请允许我代表我们团全体成员向××乡亲致以最诚挚的谢意，衷心感谢亲人们为我们举行如此盛大的饯行宴会。

此次赴××，历时已十天有余，回顾半个月来，众乡亲热情款待，周详安排，使我们各项活动得以顺利进行。最令我们难以忘怀的是，亲人们对我们一片乡情梓意，使我们天天沉浸在激动、兴奋之中。值此嘉朋满座之际，请允许我再次向各位××父老、各位乡亲致以由衷的谢意!

　　各位乡亲，敝团此次考察的目的，旨在联络乡谊，考察交流发展工商的有效经验。由于大家的真诚指点，虽然此行时间不长，但已圆满完成任务。短短十余天，我们收获颇多，尤其是乡亲们为发展社会经济所表现出来的勤奋精神和聪明智慧，令我们印象深刻。诚如一位乡亲在其兴办的实业公司大门上贴的对联所言：集财力以裕国计，兴实业而利民生。这深刻地反映了众乡亲的心声！今晚聚会之后，我们一行将启程回省，回去后我们一定结合本省实际，认真吸取和学习乡亲们的宝贵经验，同时也将亲人们对家乡的关切之情和提出的各项意见，带回去如实加以转达，相信将对××的进一步发展产生良好的作用。

　　漂亮、贤惠的女士们，尊敬、智慧的先生们，在今晚这个饯行盛会上，敝团全体成员内心深处对乡亲们的依依之情，难以形容。天下无不散之宴席，唯祈今后能与亲人们保持密切联系，增进团结，相互帮助、相互提携，殷殷此心，敬请宏鉴。

　　最后，谨祝各位万事顺意，为亲人们家家康乐，宏业千秋，为乡亲们健康平安，干杯！谢谢大家！

第二节　开幕、闭幕祝酒词

开幕祝酒词

开幕祝酒词是在一些大型开幕式招待酒会上由会议主持人或主要领导人所做的讲话，它具有宣告性、提示性和指导性。其特点是：简洁明了、短小精悍，最忌长篇累牍、言不及义；多使用祈使句，表示祝贺和希望；它的语言应多口语化，通俗、明快、上口。

开幕祝酒词的正文一般包括开头、主体和结尾。开头是宣布开幕之类的话。主体部分一般包括以下内容：会议的筹备和出席会议人员情况；会议召开的背景和意义；会议的性质、目的及主要任务；会议的主要议程及要求；会议的奋斗目标及深远影响等。但一定要把握会议的性质，郑重阐述会议的特点、意义、要求和希望，对于会议本身的情况如议程等，要概括说明，点到为止；行文则要明快、流畅；评议要坚定有力，充满热情，富于鼓舞力量。最后是结尾，一般都是"祝大会圆满成功"之类的话语。

闭幕祝酒词

闭幕祝酒词是党政机关、企事业单位和群众团体的领导人在闭幕酒会上所做的带有总结性、评价性的致词。其内容一般是概括大会进行的情况及所取得的成果，对大会所解决的问题进行评价，对大会的经验进行总结，对贯彻大会精神提出要求和希望。闭幕祝酒词的结构基本与开幕祝酒词结构相同，只是内容的侧重点不一样。

户外运动开幕晚宴祝酒词

【场合】开幕式晚宴。

【人物】领导、嘉宾。

【祝酒人】领导代表。

尊敬的各位嘉宾、朋友们：

大家晚上好！

今晚我们将在美丽的××度假酒店池畔，举行首届中国户外运动邀请赛开幕式，并进行大型池畔烧烤派对晚宴。

户外运动是健康、时尚的旅游活动。本次户外运动邀请赛就是希望以户外运动为媒，通过运动演绎旅游的多样性，通过旅游体现运动的趣味性，丰富和促进××旅游业的多元化发展。本次邀请赛我们同时推出了四个赛事，引起社会各界的关注，××频道将直播××月××日上午××攀岩赛决赛。本次赛事的目的不在于竞技，重在参与和挑战，希望借此作为××户外运动活动的全面启动，营造户外运动氛围。随后，我们还将不断推出新的户外运动项目和活动，欢迎各位踊跃参加。

本次邀请赛邀请到数十家户外运动俱乐部代表和媒体代表共聚××，由于"十一"黄金周的关系，还有许多朋友未能成行，他们为此在网上特意制作了一些祝福卡片，在此我代表组委会表示衷心的感谢。

最后，预祝本次户外运动邀请赛取得圆满成功！祝各位领导、朋友开心、愉快！

汽车展览会开幕招待酒会祝酒词

【场合】开幕招待酒会。
【人物】领导、嘉宾。
【祝酒人】领导代表。

尊敬的各位领导、嘉宾，女士们、先生们：

晚上好！

今天，有机会同各位领导、各位嘉宾、各位朋友相聚，我非常高兴。我谨代表××市政府，代表本届展会的主办和承办机构，对光临今天晚上开幕招待酒会的各位领导、各位嘉宾、各位朋友表示热烈的欢迎和衷心的感谢。

本届展会以"承载梦想，畅想生活"为主题，集中展示各类乘用车、商用车以及汽车零部件、汽车用品等，展会总规模达到××平方米。其中，整车参展企业××家，展出面积××平方米；零配件及用品参展企业××家，展出面积××平方米。

本届车展的参展企业阵容强大，品牌云集，展商对本届××车展的重视度进一步提高。在当日举行新车发布会的参展企业有××多家，××多台概念车及××多台新车争相登场；来自海内外的汽车行业知名厂商纷纷亮相，在××汽车展这个优秀的商业平台上展示他们的最新产品、先进技术及品牌形象。

本届展览会的成功举办，有赖于国内外有关单位的积极参与和大力支持。在此，我代表主办机构，向所有支持××汽车展的机构和朋友们表示衷心的感谢！并诚挚地希望在座各位一如既往地支持××汽车工业及××汽车展的发展。

现在，请大家举杯，预祝本届展会圆满成功，为各位朋友的身体健康，干杯！

博览会开幕晚宴祝酒词

【场合】博览会开幕宴会。

【人物】各国来宾。

【祝酒人】主持人。

尊敬的各位领导、各位来宾：

大家上午好！

今天是个特殊的日子，我们欢聚在美丽富饶、充满活力的××省××市，共同庆祝第×届"中国××·××投资贸易博览会"。我是××电视台节目主持人××。

在这金色的秋天，承载收获、洋溢喜悦的日子，来自××及世界各地不同肤色、不同民族、不同语言的人们，怀揣着共同希望和目标，不远万里，相聚××、相聚××、相聚本届"中国××·××投资贸易博览会"。这是中国及世界各国真诚互动、友好往来的桥梁和纽带，是寻求商机、谋求发展、开创××地区共同繁荣的重要平台。

本届"中国××·××投资贸易博览会"旨在构建我国与××及世界各国之间互利双赢、交流合作、竞争开放的长期合作平台。本届展会的主题是"××、××"，宗旨是"构建合作平台，打造招商品牌，展示区域形象，促进共同发展"。展会将面向全球商界开放，以投资洽谈、货物贸易、经济合作、文化交流、高层论坛为主，突出××各国的经贸特征、区域特色、产业特点，努力使各国的参与者通过这次博览会，寻求商机，获得发展，实现共同繁荣。

最后，让我们预祝"中国××·××投资贸易博览会"顺利召开，祝大家生活幸福美满，事业一帆风顺。谢谢！

博览会闭幕宴会祝酒词

【场合】博览会闭幕宴会。
【人物】省市领导、博览会组委会、参展企业单位。
【祝酒人】博览会组委会负责人。

各位领导、同志们：

大家下午好！

第×届××博览会在各级领导的关心支持、社会各界倾情关注、广大参展客商广泛参与下，取得了圆满成功，即将在今晚落下帷幕。在这个喜庆的时刻，我们将举行本次博览会的闭幕式以及颁奖典礼。

借此机会，我谨代表××博览会组委会向参加今天闭幕式的各级领导和参展企业单位代表表示衷心的感谢，感谢你们对××博览会的大力支持，使得本次博览会圆满落幕。

作为国内最大的××博览会，本届博览会坚持学术性、文化性与商业性的有机融合，参与本次博览会的参展企业单位都注重加强交流，真诚合作，全心投入到博览会中。本次博览会期间举办的几起行业论坛，我们请到了××行业国内乃至国际顶尖级的专家到会，相信大家都受益匪浅。

本届展会是历来规格最高的一次博览会，出席本次博览会的省部级领导达到了××位，还有××位驻华使节也派了代表前来祝贺。博览会接受国内企业单位报名参展数量达到了××个，国际性企业也达到了××个，其中不乏一些世界500强的企业单位。本届展会实际安排参展企业××家，使用展位××个，其中室内标准展位××个，室外展览面积××平方米。本届博览会参展商××人，专业观众××万多人，商务与投资峰会参会代表××人。截至今天下午，本届博览会累计贸易成交总额为××亿美元，同比增长××%，再创新高。

与往届博览会不太一样的是，本届展会把邀请采购商作为重点，使得博览会成交额骤增。博览会的安保工作措施周密，保障有力，各场活动组织有序，衔接顺畅，受到了国内外媒体的广泛赞扬和关注。

成功地举办本届博览会，我们非常高兴，希望今天到场的新老朋友对××博览会一如既往地给予支持，也希望明年的这个时候我们还能在这里相见。

谢谢大家！

职代会闭幕晚宴祝酒词

【场合】闭幕晚宴。

【人物】领导、嘉宾。

【祝酒人】领导代表。

尊敬的各位代表，同志们、朋友们：

大家晚上好！

在这充满喜庆、孕育希望的季节里，××油田公司××××年工作会议暨第八届一次职代会、第九届工会会员代表大会胜利召开了。在此，我们首先对"两会"的胜利召开表示热烈的祝贺！

过去的一年里，在集团公司、股份公司的正确领导和大力支持下，

××油田公司全体员工团结一心，奋发拼搏，各方面工作都取得了可喜的成绩。

××××年是××油田顺利完成××××规划目标，实现跨越发展至关重要的一年，也是充满希望和挑战的一年。站在新起点的××石油人，应该有更多的企盼、更高的追求。风劲潮涌，自当扬帆破浪；任重道远，更需策马加鞭。我们深信，与会代表一定会以高度的责任感、强烈的使命感，从××油田的发展大局出发，不负全公司员工重托，行使好职能，带头宣传、贯彻、执行好本次大会的精神，带领公司全体员工，以无比的热情投身公司的发展洪流，绘制××油田的宏伟发展蓝图。

在集团公司的正确领导下，让我们紧密地团结起来，为祖国的石油事业奋斗，创新务实，锐意进取，努力开创××油田又好又快的发展新局面。

最后，我提议，为××油田公司"两会"的顺利召开，为××油田的美好未来，干杯！

第三节　其他场合政务祝酒词

其他场合政务祝酒词分很多种，有欢送欢迎类的，有答谢类的，还有晚会总结类的。欢送欢迎类的祝酒词，可以写双方这一段时间以来的共同经历，取得的成就，最后表达出美好的愿望。答谢类的祝酒词，没有必要写得冠冕堂皇，越是真挚朴实的话语就越能表达出内心的感激之情，比如，在感谢灾区慰问答谢的祝酒词里，可以这样写："虽然受到了雪灾的侵袭，但我们还是备上了一份简单的便饭，这些酒菜虽然简单，但是代表了我们全县人民的一片感激之心，最后，让我们举起酒杯，来表达我们的感激之情。"晚会总结类的祝酒词，多数都是领导发表祝辞，总结以往的成就，对未来提出期望。

援边干部答谢地方领导祝酒词

【场合】第×批援边干部的欢送会上。

【人物】援边干部、嘉宾。

【祝酒人】干部代表。

尊敬的各位领导、各位来宾：

　　大家晚上好！

　　在这即将分别的时刻，首先，请允许我代表××第×批××名援边干部向各位领导及全地区广大干部群众深深地鞠一躬！感谢你们三年来对我们的关心、帮助、理解、支持！

　　在这三年的时间里，我们在各位领导和大家的关心帮助下，继承和弘扬××援边干部精神，提出并坚持"快乐援边、可持续援边"理念，努力做到"风沙硬作风更硬、海拔高目标更高"，真正把心贴近××，把情倾注××人民，为××的改革、发展、稳定做了一点工作，尽了一份责任，这一切与长期在边工作的领导和同志们相比，真是微不足道。

一千多个日日夜夜，记录下我们携手共进的动人诗篇，记录下我们团结拼搏、干事创业的奋斗足迹，记录下××日新月异、蒸蒸日上的喜人景象。一千多个日日夜夜，我们朝夕相处、艰苦创业、激情燃烧、团结奋斗，结下了深厚的兄弟情谊，谱写了一曲新的友谊之歌。

遇上你是我的缘，守望你是我的歌，亲爱的××，我爱你，就像爱山里的雪莲花。此时此刻，千言万语都汇成一句话：我们将永远以自己是一个××人而倍感骄傲和自豪。最后，让我们共同举杯，为我们的友谊天长地久，为今晚有一个美好的宴会，干杯！

欢迎大学生返乡大会领导祝酒词

【场合】欢迎大学生返乡。

【人物】县、乡领导，返乡大学生及亲友。

【祝酒人】乡团委书记。

各位同学、各位领导、各位同志、各位父老乡亲：

尽管温暖的春天还没有到来，但是今天我们大家的心里确实热乎乎的，因为我们××乡走出去的第一批×位大学生回到家乡，正式加入了跟我们一起建设家乡的队伍。在此，我代表××乡全体民众对×位大学生表示热烈的欢迎。

作为从我们××乡走出去的第一批大学生，在学业有成之后，你们没有忘记生你们养你们的家乡，你们选择了回到家乡与家乡父老同甘共苦，建设家乡。××乡是你们几位大学生成长起来的地方，这里有着丰富的资源，但同时也有着贫困，这里将是你们智慧闪光的地方，将是你们大展才华的地方。这里的父老乡亲欢迎你们回来，希望你们能够在这块养育你们的土地上扬起风帆，拼搏进取，闯出一片新天地。

作为一个以农业为主的乡镇，建设生态农业旅游已经纳入了我们乡镇的发展规划，你们刚好学习过相关的专业，本次你们回到乡镇，镇政府将对你们委以重任，在振兴我镇的生态旅游方面你们将扮演重要的角色。希望你们能不负众望，承担起这个重担。

如今大学生回乡就业、创业成为我们农村的一种新时尚，你们大家可以放开手脚大干一场，我们乡镇政府将对你们进行重点培养，给予最好的支持，让你们没有后顾之忧。

最后，我祝愿你们几位大学生在事业上一帆风顺，为家乡人民谋好福利，这是你们对家乡父老深切关怀的最好回报。让我们大家共同举杯：为欢迎×位青年才俊回到故乡；为×位青年才俊在故乡的黑土地上施展才华；为×位同学工作顺利，干杯！

税务局工作总结大会祝酒词

【场合】××税务局工作总结大会。
【人物】税务局领导及其工作人员。
【祝酒人】税务局领导。

尊敬的各位领导，亲爱的同志们：

大家下午好！又到了一年一度的年终工作总结大会，在过去的一年里，我们全体同人一起同心同力，度过了不平凡的一年。

作为一个重要部门，我们始终本着恪尽职守、踏实工作、业务求精、大胆创新的精神，坚持"以组织收入为中心，强化业务培训提素质、大胆创新搞改革为重点"的工作思路，积极稳妥地开展工作。

去年一年，我们××税务局圆满地完成了各项任务指标，××亿元的税务总收入相比同期增长了×成，当然过去的已经成为历史，我们要戒骄戒躁，争取在新的一年里再接再厉，业务上做出更好的成绩。

上级领导对我们××税务局去年的工作非常满意，我们不仅顺利完成并超出了上级下达的指标任务，新的一年新的任务已经下达，我们将面临更多的困难，但我坚信，在全体同人的共同努力下，没有完不成的任务，我们众志成城，齐心协力，运用我们××国税人的智慧和力量，在各级领导部门和社会各界朋友的关心和支持下，一定会圆满超额完成新的任务。

在新的一年除了要完成上级下达的任务指标，在我们自身的建设上还要下很多工夫。一是要提高我们每位工作人员的业务素质，安排更多学习培训的机会；二是要完善我们的工作制度，设定高效率的工作准则；三是要积极创新，探索出新的管理方法和工作方法。以科学发展观为指导，达到思想观念有新转变、工作内容有新拓展、健全机制有新举措、自身建设有新局面的目的；四是加强税务文化的建设，加深税务人的自身认同感。

最后，我们要对常年在基层一线工作的广大职工表示感谢，是你们的点滴工作才汇成了我们最后胜利的大河流。

祝大家身体健康、工作顺利、新春快乐、万事如意！

领导为运动员壮行祝酒词

【场合】为运动员赛前封闭训练壮行。
【人物】有关领导、运动员、教练员及运动员家属。
【祝酒人】体育竞赛处负责人。

尊敬的各位领导、各位运动员家属、各位运动员、教练员、朋友们、同志们：

为了迎接即将到来的第×届全国游泳锦标赛，我们××省游泳队的全体队员将到××游泳训练基地进行为期一个月的封闭训练，为了让大家有一个更好的心态，今天我们特地召开了此次壮行会。在此，我代表省体育部门对到场的各级领导、运动员及其亲属们表示亲切的祝福。

我们××省游泳队在全国处于第一梯队，每年在各种游泳比赛中都会占据奖牌榜的头名，近年来，随着各省对体育运动管理的加强，我们的优势已不复存在，这就要求我们在今后的训练中更加刻苦，创造出优异的成绩。你们是全省游泳界的精英，寄托了全省人民的期望，希望你们能够在为期一个月的封闭训练中牢记自己的使命，珍惜训练的每一分钟。希望你们继承以往老前辈们的刻苦精神，时刻不忘记自己的身份，为争取好的成绩不断地提醒自己要坚持不懈。

赢得冠军是我们的最终目的，胜败虽然只在一瞬间，但是需要大家平时不断地刻苦训练，用自己的汗水才能换回那一块块沉甸甸的奖牌。在现在的省队里，有新人，也有参加过几届大赛的老队员，不管是新人还是老队员，希望你们都摆正心态，新人要虚心学习，老队员要以身作则，为新人做出好榜样。

在此也请大家放心，本次封闭训练我们将给予最好的后勤保障，让大家以一个良好的身体去迎接即将到来的大赛。希望运动员们能够以饱满的热情和最佳的竞技状态投入到本次训练中，争取在全国游泳锦标赛上争取到比原来更好的成绩。

请大家举杯，预祝运动员在训练中努力拼搏，为胜利打下基础，争取在比赛中赢得冠军。干杯！

第八章　节日祝酒词

不管哪种节日，都要根据纪念对象的实际情况和活动内容的要求，来发表祝酒词。这类祝酒词的内容要注意以下三点：

第一，对参会来宾、活动的宗旨、活动的内容、活动的程序等做出简单扼要的介绍，特别指出节日的名称及由来并加以强调，语言要简洁明快、干净利落。

第二，特别强调节日的国际或国内大背景，如世界水日的祝酒词就应把现今国际及国内水资源的状况简明地阐述出来，以对来宾产生警醒作用。

第三，深化节日主题。祝酒词结尾要用一句凝练的语言强调这一天的特殊意义，在每一位来宾的心里留下深刻的印象，达成思想和情感上的共鸣。

新年晚会祝酒词

范文一

【场合】酒宴。

【人物】公司员工、公司领导、嘉宾。

【祝酒人】领导代表。

各位女士、各位先生、各位朋友：

大家晚上好！

喜悦伴着汗水，成功伴着艰辛，遗憾激励奋斗，我们不知不觉地走进了××××年。今晚我们欢聚在××公司成立后的第×个年头里，我和大家的心情一样激动。

在新年来临之际，首先我谨代表××公司向长期关心和支持公司事业发展的各级领导和社会各界朋友致以节日的问候和诚挚的祝愿！

向我们的家人和朋友拜年！我们的点滴成绩都是在家人和朋友的帮助关怀下取得的，祝他们在新的一年里身体健康、心想事成！

向辛苦了一年的全体员工将士们拜年！感谢大家的汗水与付出。许多生产一线的员工心系大局，放弃许多节假日，夜以继日地奋战在工作岗位上，用辛勤的汗水浇铸了××不倒的丰碑。借此机会，我向公司各条战线的员工表示亲切的慰问和由衷的感谢。

展望××××年，公司已经站到了一个更高的平台上。新的一年，公司将持续遵循"市场营销立体推进，技术创新突飞猛进，企业管理科学严谨，体制改革循序渐进"的方针，并在去年的基础上继续深化，目的只有一个：全面提升公司的核心竞争能力。我相信××××年是风调雨顺、五谷丰登的一年，××公司一定会更强盛，员工的收入水平一定会上一个台阶！

雄关漫道真如铁，而今迈步从头越。让我们以自强不息的精神、团结拼搏的斗志去创造新的辉煌业绩！新的一年，我们信心百倍，激情满怀，让我们携起手来，去创造更加美好的未来！干杯！

范文二

【场合】迎新春酒会。

【人物】市委、老领导。

【祝酒人】市长。

尊敬的各位领导：

在×年春节即将到来之际，××市委、市政府在这里召开迎春酒会，荣幸地邀请到各位领导欢聚一堂，共叙往事今情，喜迎新春佳节。各位曾经在××市工作过的领导和××籍在××省工作的领导，多年来心系××，关注××，通过各种方式支持××的各项事业发展。在此，我代表全市××万人民，向各位领导表示衷心的感谢并致以节日的祝福！

近几年，在上级党委、政府的正确领导和亲切关怀下，在各位领导和朋友的支持和帮助下，××市经济获得了较快发展，社会事业取得了新的进步。这些成绩的取得，是全市各族人民共同努力的结果，更凝结着在座各位领导的心血和汗水。

在新的一年里，我们希望××市的发展像芝麻开花——节节高，再创辉煌。同时，也衷心希望各位领导一如既往地支持、帮助××发展。各位领导熟悉××，热爱××，工作能力强，接触面广，也一定会对××的发展给予更多的关心和厚爱。

多年来，××人民一直想念着曾在××工作过的各位领导，想念着××籍在外省工作的各位领导、同志和朋友们，也盼望着各位领导在方便的时候多回××，探亲访友，视察工作，指导和帮助我们把××的明天建设得更加美好！

现在，我提议：为我们的事业兴旺发达，为我们的友谊与日俱增，为各位领导春节愉快、×年吉祥、身体健康、合家欢乐，干杯！

情人节祝酒词

【场合】情人节酒会。

【人物】男女朋友、伴侣。

【祝酒人】主持人。

尊敬的各位来宾、各位朋友：

日子在不同的空间流逝，想念在不同的时间来临，但今天——2月14日，在这个特殊的日子里想念在同一时刻降临在彼此的心中。××对火热的心，或许已经没有了初次相遇的怦然心跳，没有了恋爱时的小鹿撞怀，但彼此的心中多了几分相濡以沫的关怀。

温馨的灯光照亮了彼此的心房，娇羞的玫瑰迷醉了彼此的心田，在这里，恋人是最温馨的情人；夫妻是最甜美的情人；苦苦追求未能修出正果的是最辛苦的情人；山盟海誓却未成眷属的是最痛苦的情人。不管你是属于哪种情人，我相信你都有属于你的幸福。

在这里，我们感谢情人节，它让每一段美好、真诚、健康的爱情都有一个节日来印证，让以身相许情投意合的有情人每年都有神圣的一天表达爱意。才华富有的男士们，美丽迷人的女士们，放下工作的担子，生活的琐事，尽情地展示你们无可抵御的魅力吧！

朋友们，爱情是人间最美好的东西，让我们共同举杯，愿天下有情人终成眷属！干杯！

妇女节祝酒词

范文一

【场合】茶话会。
【人物】县领导、妇女代表。
【祝酒人】县长。

同志们、各位女同胞们：

大家好！

春回大地、万象更新。今天我们在此隆重聚会，共同庆祝三八妇女节。借此机会，我代表县领导班子向与会的全体同志致以节日的问候，并向支持你们工作的家人表示衷心的感谢！今天，还有几位同志无法来到会场，此时她们正坚守在自己的工作岗位上，让我们共同向她们表示诚挚的祝福！

××××年，在市委的正确领导和家属的大力支持下，我们用科学发展观统领中心工作，不断强化行业管理，取得了骄人的成绩。

回首一年来我们所走过的不平凡路程，所有女士在各自的工作岗位上兢兢业业、无私奉献。在××建设进程中涌现出了许多先进集体和先进个人，巾帼不让须眉，在平凡的岗位上做出了不平凡的业绩。此时此刻，面对一年来取得的成绩，面对在座的同志，我最想说的是：感谢你们，你们辛苦了！

21世纪的女性是世界舞台的主角。所以，你们要敢于竞争、善于竞争，认真地工作、创造性地工作，相信一定会比男性干得更漂亮、更出色！愿我们单位的每位女性都成为"巾帼不让须眉"的杰出代表！

回顾过去，我们倍感欣慰；展望未来，我们任重道远。××××年，我希望在座的各位精诚团结、奋发进取，认真学习专业知识，不断提高自身素质，面向社会充分展示我们良好的精神风貌，塑造我们良好的服务品牌，为全面完成××××年度各项工作，作出新的贡献。

最后我提议：让我们共同举杯，祝愿我们所有的女性工作顺利，笑口常开，万事如意，青春永驻！干杯！

范文二
【场合】庆祝宴会。
【人物】公司领导、全体女员工。
【祝酒人】董事长。

尊敬的各位来宾，女同胞们：

时值国际劳动妇女节来临之际，我谨代表××公司向你们致以最热烈的祝贺和最亲切的问候！祝你们节日快乐，家庭幸福、美满、和睦！

××公司的事业在21世纪的征途上蒸蒸日上，各种机遇与挑战使之不断得到发展和壮大。但要想在激烈的市场竞争中获得一席之地，除了一流的经营和管理，还要依靠时时刻刻奋斗在第一线的全体女员工，而你们，正是××公司大家庭中最优秀的群体！××公司的每一家分店，都有着你们奋斗的足迹和拼搏的风姿，你们发挥着××公司先锋队的作用！你们用青春和热血铺就了它的成功之路！你们是我们××公司群体中最可爱的人！我代表××公司衷心地感谢你们！在这里，我要向你们真诚地道一声："你们辛苦了！"

不论你们在哪个岗位，都在为××公司默默地奉献着。你们有崇高的事业心，有高尚的品德，有强烈地为××公司事业献身的精神，有良好的素质和心智，有自尊、自爱、自立、自强不息的优良品质，有比男性更大的无畏精神和勇气！我希望××公司的女同胞能信心十足地同公司一起奋斗，再接再厉，实现××公司的宏伟目标，在你们的努力下，××公司必将声播千家万户，充满智慧的××公司必将在天空展翅翱翔！

今天是女同胞的节日，借此机会，我想对各位女同胞提三点希望：第一，希望你们保护好你们美丽的容颜，青春永驻；第二，希望你们永远保持一个快乐的心情，笑口常开；第三，希望你们内修神韵，外修美德，是老人的好女儿、好儿媳，是丈夫的好妻子，孩子的好妈妈，同事的好伙伴。

最后，愿××公司所有的女性美丽常在、心想事成、家庭幸福！

元宵节祝酒词

【场合】节日宴会。
【人物】市长、领导、嘉宾。
【祝酒人】市长。

尊敬的各位领导、各位来宾，亲爱的同志们、朋友们：

大家晚上好！

圆圆的月亮的脸，甜甜的鲜灵的汤圆，又到了万家团圆闹元宵的时刻，××山下××河畔，洋溢着节日的喜悦，飘洒着浓浓的乡情。在这喜庆佳节之际，我代表市政府，对各级领导、各位来宾和各界朋友的光临表示热烈的欢迎并致以节日的祝愿！欢迎你们与××人民一起观赏礼花月景，共度美好良宵。

数万盏彩灯如星河飘落，使夜色中的××仿佛人间仙境；千姿百态的冰雕冰景似冬去春来，把宽广的大街装点得宛若五彩缤纷的世界，这便是飞红落霞之时，便是万众空巷之际。今晚，群山沸腾，湖水沸腾，××沸腾！

冰雪消融，万物复苏，与时俱进的列车送走了硕果累累的×年，驶进了如诗如画的×年春天！放一盏盏五彩荷灯，激起心湖快乐的涟漪；敲一声声佳节的晚钟，让你感受我真挚的祝福。祝大家元宵节快乐！

春天是太阳的微笑，是远航的风帆，是生命的象征。让我们与鲜花相伴，与希望同行。

现在，让我们共同举杯，祝大家的生活像今晚的焰火一样灿烂，日子红红火火，幸福久久长长。干杯！

端午节祝酒词

【场合】端午节招待宴会。

【人物】县领导、来宾。

【祝酒人】县长。

尊敬的各位领导、各位来宾、同志们、朋友们：

盛夏六月，××大地流光溢彩，万象呈辉。在这惠风和畅、湖色旖旎的日子里，我们在这里隆重举行××县第×届"端午游湖"文化节，我谨代表县委、县人大、县政府、县政协及××万××人民对前来参加这次活动的各位领导、各位来宾表示最热烈的欢迎和衷心的感谢！

××历史久远，文化璀璨，美丽富饶。这次"端午游湖"文化节是我县一次集旅游推介、文化交流、体育比赛为一体的盛会。办好这次活动对于加快三大战略实施，促进××开放开发，加强和推动××与外界的文化交流与经济技术合作，全方位展示××丰富的历史文化资源优势，提升灿烂的文化旅游优势和特色经济发展优势，提升××知名度，扩大对外吸引力，进一步加快经济社会各项事业全面发展有着十分重要的意义。

希望通过这次活动的举办让更多的人认识××，热爱××，走进××，投资××，让更多的信息、文化在活动中得以传播、交流，通过沟通增进友谊，通过沟通激发感知，真正把"端午游湖"文化节办成展示风貌的窗口、对外交流的平台，真正为全县旅游产业的兴起壮大注入新的生机和活力，以带动和促进全县经济社会的快速、健康发展。

最后，预祝××县第×届"端午游湖"文化节圆满成功。

酒逢知己饮，诗向会人吟。朋友们，干杯吧！

谢谢大家！

劳动节祝酒词

【场合】庆祝晚宴。

【人物】集团公司全体人员、嘉宾。

【祝酒人】董事长。

各位员工、各位来宾：

大家好！

今晚，我们欢聚一堂，热烈庆祝五一国际劳动节。首先，我代表集团公司董事会向辛勤工作在公司各个岗位的全体员工和青年朋友，致以亲切的问候和衷心的感谢！

我现在的心情和大家一样激动。集团公司从小到大、由弱到强的发展历程，见证了每一位员工的功劳；集团的每一个进步、每一次成长，都凝结着员工的智慧、心血和汗水。

成功代表过去，我们更要面向未来。我希望全体员工一定要认清形势，明确自己肩负的历史使命，紧紧围绕集团公司的中心任务，在改革、创新、发展的实践中，在各自的工作岗位上以忘我的热情、昂扬的斗志，发挥出团队的战斗力，投入到公司新一轮发展的宏图伟业中去；希望每一位员工不断学习，完善自我，为集团公司献出自己的一份力量。

今晚，我很欣慰，因为我们拥有一支优良的团队，为了本次晚会，各部门、各企业在百忙中积极组织，广大员工踊跃参加，热情很高。我们公司的党、工、团、女工委组织举办这次文艺晚会，丰富了广大员工的文化生活，提升了××企业文化内涵，展示出员工们的个性特长。今后，类似这样的文体活动，我们还要经常开展，这也是落实科学发展观的具体体现，以此推动企业可持续、和谐、健康地发展。

同志们，让我们继续发扬"五一"自强不息的精神和团结拼搏的斗志，携手并肩，同舟共济，鼓足干劲，向着更高更远的目标奋进！××的明天一定会更加美好！

最后，让我们共同举杯，预祝晚会圆满成功！谢谢大家！

青年节祝酒词

【场合】表彰宴会。
【人物】市领导、青年代表。
【祝酒人】市委书记。

青年朋友们、同志们：

今天，我们在这里隆重召开××市纪念五四运动××周年表彰宴会，这对青年们继承和发扬"五四"精神，进一步把爱国主义精神转化为投身改革开放和现代化建设的自觉行动，具有重要的现实意义。借此机会，我代表市委、市人大、市政府、市政协、市纪委向全市的青年朋友们致以亲切的问候，同时向今天受表彰的先进集体和个人以及党建带团建先进集体和个人表示最热烈的祝贺！

在过去的一年里，全市广大团员青年在各级团组织的带领下，充分发挥生力军和突击队作用，积极投身改革开放和现代化建设的伟大实践，在推进我市经济建设和社会发展上取得了卓著的成绩，做出了重要的贡献。

今年是21世纪的开局起步之年。广大团员青年作为全市两个文明建设的生力军和突击队，更要认清自身使命之光荣、责任之重大、任务之艰巨，进一步发扬五四运动的光荣传统，在振兴××的伟大实践中成长进步，建功立业。

借此机会，我向广大团员青年提几点希望：第一，团结一致，紧跟大局。广大青年要凝心聚力，创业兴业，始终以开拓进取、永不言败的精神状态，在城市建设、维护社会稳定、构建社会主义和谐社会等领域贡献自己的智慧和力量。第二，追求创新，紧随时代。发展的希望在创新，创新的希望在青年。青年人风华正茂，最具创新能力，更应保持创新锐气，发扬创新精神。

希望广大青年继承和发扬"五四"光荣传统，统一思想，坚定信心，开拓进取，扎实工作，为推动全市跨越式发展做出更大的贡献！

来吧，让我们一起举杯，尽享这欢乐的时刻。

父亲节祝酒词

【场合】酒宴。
【人物】家人、来宾。
【祝酒人】主持人。

尊敬的爸爸妈妈、各位兄弟姐妹、各位来宾：

大家好！

今天是个值得纪念的日子，是一年一度的父亲节！我们在这里聚会，为我们的父亲、母亲祝福，祝爸爸妈妈幸福安康，福寿无边！

母爱深似海，父爱重如山。据说，选定6月过父亲节是因为6月的阳光是一年之中最炽热的，象征了父亲给予子女的那火热的爱。父爱如山，高大而巍峨；父爱如天，粗犷而深远；父爱是深邃的、伟大的、纯洁而不求回报的。父亲像是一棵树，总是不言不语，却让他枝叶繁茂的坚实臂膀为树下的我们遮风挡雨、制造荫凉。不知不觉间我们已长大，而树却渐渐老去，甚至新发的树叶都不再充满生机。每年6月的第三个星期日是父亲的节日，让我们由衷地说一声：爸爸，我爱您！

每一个父亲节，我都想祝您永远保留着年轻时的激情，年轻时的斗志！那么，即使您白发日渐满额，步履日渐蹒跚，我也会拥有一个永远年轻的父亲！

让我们共同举杯，为父亲、母亲健康长寿，干杯！

助残日祝酒词

【场合】座谈会。
【人物】××县残联领导及社会各界人士。

【祝酒人】××县残联领导。

尊敬的各位领导，各位来宾、同志们、朋友们：

在这个充满希望的春季，我们迎来了全国第××个"助残日"。今天，××县委、县政府隆重举办"扶残助教献爱心"大型活动，借此机会，我谨代表县委、县政府向残疾儿童表示亲切的问候！向广大特教工作者致以崇高的敬意！向今天来此参加助残活动的社会各界来宾致以诚挚的谢意！

残疾人作为弱势群体，他们的自尊心较其他人更强，他们不喜欢他人用低于正常人的标准来对待自己。在他们的成长道路上布满了艰难和困苦，他们的成功自然要付出比常人多出十几倍的努力。

虽然他们是弱势群体，但我们从他们那里学到的更多是坚强！从他们坚毅的眼神中，从他们举手投足中，从他们的言辞中，我们能感受到他们对生活的热爱，告诉我们什么叫真正的坚强。他们拥有受教育的权利、发展的机会。尊重残疾孩子的受教育权、发展权，给他们以平等的权利、同等的机会，是政府和全社会义不容辞的责任。

多年来，县委、县政府高度重视特教事业，加强了对特教工作的领导，加大了对特教的支持与帮助。县领导多次到特教现场办公处视察，切实从精神上和物质上支援，使得现在的学校教学设备齐全，师资丰厚、环境优美，为广大残疾儿童提供了良好的学习环境。

朋友们，残疾人事业不仅是一项公益事业，也是一项社会事业，更是一项慈善事业，需要政府和社会的共同关怀和支持。让我们携起手来，走进残疾孩子中，关注他们、关心他们、关爱他们吧！

最后，让我们为了美好的愿望，共同举杯！祝愿我们的残疾事业有更好的明天，谢谢！

建军节祝酒词

【场合】庆祝宴会。

【人物】县领导、来宾。

【祝酒人】县委书记。

各位领导、同志们：

今天，我们欢聚一堂，热烈庆祝中国人民解放军建军××周年。首先，我代表××县委、县人大、县政府、县政协，向人民解放军××部队全体指战员、武警官兵、预备役军人和广大民兵，致以节日的祝贺！向离退休军人、革命伤残军人、转业复退军人以及烈军属，表示诚挚的慰问！

几年来，全县上下紧紧围绕加快发展这一主题，以科学发展观为指导，经济社会发展呈现出逐渐加快的良好势头，各方面工作全面进步，社会安定，军政军民团结更加巩固，拥军优属、拥政爱民工作再上新台阶。这些成绩和进步都包含着你们的辛勤汗水和无私奉献。在此，我代表全县百万人民向你们表示衷心的感谢！

目前，全县经济社会保持了持续、快速、健康、协调发展的良好势头。但是也面临着实现经济社会发展新跨越的艰巨任务。面对前进道路上的各种困难，特别是在危、难、险、急关头，广大军民风雨同舟，患难与共，临危难而不惧，临险阻而共勉，为保护人民群众生命财产安全做出了重要贡献。实践证明，坚如磐石的军政军民团结是我们顶住压力、抗御风险，战胜困难、不断前进，并最终实现我们发展目标的重要法宝。

军民团结如一人，试看天下谁能敌。让我们同呼吸、共命运、心连心，继续为建设强大的人民军队和富裕、文明、开放的新××而努力奋斗！

现在，我提议：为了××的美好明天，为了各位的健康和幸福，干杯！

中秋节祝酒词

【场合】庆祝晚会。
【人物】公司全体人员、嘉宾。

【祝酒人】董事长。

各位来宾，同志们、朋友们：

大家好！

"每逢佳节倍思亲"，又到了中国人传统的中秋佳节，我们在这里欢聚一堂，共叙友情，共庆佳节，心中充满了欢欣和喜悦。感谢大家多年来对××的付出和奉献，在此，我谨代表公司董事会向各位致以真挚的问候和诚挚的祝福！

虽然我们来自五湖四海，但××把我们聚集到了一起，是××的一草一木养育了我们。回首昨天，大家都曾为××的强大和发展付出过汗水和心血，你们的奉献，将永远在我们心中铭刻！

××年的锻造，使我们的团队更加精诚团结，使我们的员工更加尽职尽责。这些年来，在激烈的市场竞争中，我们的实力不断增强，我们的规模不断扩大……这一切无不昭示着一个强大集团的蓬勃朝气和生生不息的动力。

月是期盼，月是挂牵；月是幻想，月是浪漫；月是思念，月是圆满。

今夜，月圆如盘，看不见残缺的遗憾。

今夜，月光如水，清澈着我们彼此的友谊。

今夜，月华如歌，唱响我们心中的激昂。

举杯望明月，天涯共此时。

有你，我们高歌唱响希望；有你，我们将快乐分享；有你，所有的梦都在生长。

期待每一天的月圆，期待每一时的相聚，期待每一刻的欢畅，期待美好幸福的明天。

在这里，我再一次向各位道一声祝福，说一声平安，并向你们的亲人致以亲切的问候，祝大家中秋节快乐！

请大家举杯，为了我们的幸福生活，为了我们日渐深厚的情谊，为了朋友们的健康快乐，也为了××公司辉煌灿烂的明天，干杯！

教师节祝酒词

【场合】酒宴。
【人物】学校老师、学校领导。
【祝酒人】老师代表。

尊敬的各位领导:
　　大家好!
　　在这硕果累累的金秋时节,我们怀着激动与喜悦迎来了第××个教师节,更怀着感动与幸福来参加省教师节座谈会。作为××的一名小学教育工作者,我感到无上的光荣和强烈的使命感。
　　在执教的××年来,我从乡镇到城区,从一名中师毕业生成长为全国模范教师,真真切切地体验着党和政府对教师的关怀与培养。沐浴着党的阳光雨露,我们欢欣鼓舞、自强自立,积极探索实施素质教育的有效策略,特别是在留守儿童教育方面做了有益的尝试,有力地促进了少年儿童的健康成长。
　　因为爱和责任,使得我们对留守儿童倾注了浓厚的情感;因为情和执著,铸就了我们对教育事业的无限忠诚。关爱学生、无私奉献,爱岗敬业、勇于创新,这是党和人民对我们的重托,也是我们教育事业永恒的主题。我们将永远沿着这个主题高歌猛进!
　　最后,让我们共同举杯,祝愿教育事业迈向新台阶,祝愿大家身体健康,干杯!

重阳节祝酒词

范文一
【场合】宴会。

【人物】离、退休老干部代表，有关领导。

【祝酒人】领导代表。

尊敬的各位离退休老同志、老领导、老前辈、朋友们、同志们：

大家好！

今天，我们欢聚一堂，共庆老年节！在九九迎重阳的时刻，我代表市委、市政府向在座的各位老同志、老领导、老前辈，向全市离、退休老干部和全社会老年人致以节日的祝贺和亲切的问候！祝你们寿比南山，福如东海！

尽管你们头发花白，尽管你们的脸上布满了岁月的沧桑，尽管你们的脚步蹒跚，但你们在世间谱写的是青春不老的旋律，给我们带来的是宝贵的经验财富。且看我市现在所取得的辉煌成就，就凝结着无数老同志的辛勤汗水和聪明智慧，渗透着无数老同志的心血和奉献精神，你们现在虽身不在其职，心却系着××的发展，是你们的精神给我们以鼓舞，给我们以力量，在这里，我向你们表示衷心的感谢和崇高的敬意，谢谢你们！

弘扬中华民族尊老、敬老的美德是我们的传统美德，希望社会上的每一位，都能尊重老人、呵护老人、关爱老人，为老年人安度晚年、健康长寿创造良好的生活环境和社会环境。

我提议，让我们共同举杯：为感谢各位老同志所做出的努力和贡献；为全市老年人，健康长寿，合家欢乐，万事如意，干杯！

范文二

【场合】庆祝宴会。

【人物】离、退休老干部代表，有关领导。

【祝酒人】领导代表。

尊敬的离退休老同志，尊敬的各位老领导、老前辈：

大家好！

"三三令节歌重阳，九九芳辰乐老年"。在老年节到来之际，我代表市委、市政府向在座的老干部们致以节日的问候。

"重阳红树秋山晚，满月青帘杜酒香"。我市过去的成就，凝结着老同志的辛勤汗水和聪明智慧，我市当前经济和各项事业的迅速发展，渗透着老同志的心血和奉献精神，高科技产业的快速崛起，体现着你们的远见卓识。你们老骥伏枥，壮心不已，余热生辉，志在千里。你们的行动给人以鼓舞，你们的精神给人以力量。回首人生，老年人是部百科全书；把握今朝，老年人是一株傲然苍松；憧憬未来，老年人是一部壮丽史诗！

顶风冒雪苍松劲，沐雨春风翠柏葱。老年人是党和国家的宝贵财富，老年人是晚来后生的精神支柱，我们要学习和弘扬老同志的革命精神，弘扬中华民族尊老、敬老美德，为老年人创造温馨舒适的生活环境。

我提议，让我们共同举杯：感谢各位老同志所做出的努力和贡献；为全市老年节日快乐，福寿安康，子孝孙贤，干杯！

国庆节祝酒词

【场合】庆祝宴会。
【人物】市领导、嘉宾。
【祝酒人】市领导。

尊敬的女士们、先生们，亲爱的同志们、朋友们：

大家好！

金秋送爽，万里河山披锦绣。丹桂飘香，一轮明月寄深情。锣鼓喧天欢庆季节的旋律，鞭炮齐鸣燃放岁月的激情。秋风送爽，五谷飘香，大地流金，丰收在望。我们亲爱的祖国，十月是你神圣而庄严的生日。走进这个日子，细数从我们手中流过的时光，在心底油然而生出一种深刻的情怀。

××年激情岁月，××载春华秋实，伟大的中华人民共和国迎来了华诞。今夜，××万群众欢庆，××中心友朋如云。在此，我谨代表××市人民政府，向全市人民和在我市工作的朋友，致以最亲切的问候！向所有关心和支持我们发展的同志、朋友们，表示最诚挚的谢意！

中华人民共和国成立××年来，特别是改革开放以来，中国发生了历史性的巨变。在这 21 世纪的起步之年，中华民族迈开了实现伟大复兴的雄健步伐，神州大地充满生机。

经过××年的建设与发展，我市处处呈现出欣欣向荣的景象，经济建设保持了良好的发展势头，人民生活进一步改善，科技、教育、文化、卫生等各项事业蓬勃发展。

我们为祖国骄傲，我们为祖国自豪！请大家举杯：为庆祝中华人民共和国成立××周年，为祖国母亲的繁荣昌盛，为各位来宾和朋友的身体健康、生活幸福，干杯！

感恩节祝酒词

【场合】酒宴。
【人物】各方人士。
【祝酒人】主持人。

亲爱的朋友，女士们、先生们：

大家晚上好！

我来自偶然，像一颗尘土，有谁知道我的脆弱……陈红一曲《感恩的心》唱出了所有人的心声，也唱碎了所有人的心。感恩，对父母感恩，对朋友感恩，对生命感恩，对万物感恩，今天，我们欢聚一堂，共同庆祝这个神圣的节日。借此机会，我们××全体同人，向前来光临的各位朋友表示衷心的感谢，祝愿你们拥有一个温馨及充满欢乐的感恩节！

现在人们的生活越来越好，但是抱怨却越来越多，我们常说，为什么我感受不到幸福，为什么我觉得不快乐，其实，原因很简单，源于我们缺乏一颗感恩的心。静下心来想一想，我们不应该感谢万物吗？是他们给我们自由自在的生存环境。我们不应该感谢父母吗？是他们给了我生命和思想。我们不应该感谢朋友吗？是他们照亮了生命中的黑暗，让我们无时无刻不感知到身边的温暖。

我们不应该感谢爱人吗？是他们给我们一生中带来了爱情的甜

蜜……一切的一切，不是因为没有幸福，只是我们缺少一颗感恩的心，缺乏一双发现美的眼睛。

那么，现在，就从眼前做起，对你身边的家人、朋友、恋人由衷地说一声，谢谢，一个轻微的举动，一句贴心的问候，一份温馨的礼物，就足以传达无限的情深。愿每一个人都能感受到生命的可贵、生活的美好，笑对人生！

我提议，在这个温馨的时刻，让我们举起酒杯，为了美好的生活，为了美好的人生，干杯！

圣诞节祝酒词

【场合】宴会。
【人物】公司领导、员工。
【祝酒人】公司员工代表。

各位同人，各位朋友，同志们：

大家晚上好！

今天是圣诞节的前夜，一个令人非常愉快的日子，今晚，我们有机会在一起欢聚，我感到很高兴。在这里，我们感受的不仅是圣诞喜庆的气氛，更是体味到我们公司发展壮大的幸福和快乐。

云卷云舒，花开花落，又是一年。一年来，大家在××总的带领下，团结奋斗，勤奋进取，开拓创新，走过艰辛，迎得辉煌，你们的付出让我们感动，你们的精神让我们自豪，你们的成绩让我们骄傲。在此，我代表分公司党委、总经理室，也代表××总个人向你们表示祝贺！向你们表示诚挚的谢意！希望你们继往开来，与时俱进，百倍地珍惜过去的荣誉和成就，把它变成前进的巨大动力，奋勇拼搏、不懈努力，力争百尺竿头，更进一步。

今天的圣诞晚会给了我们相聚的机会，也将给我们一个愉快的夜晚。

最后，请大家举杯，为我们分公司的昨天、今天和明天，也为大家的幸福和健康，干杯！祝大家圣诞快乐！

第九章　公益活动祝酒词

　　公益活动是社会各界人士对弱势群体的关怀和支持，以及对社会公益活动的赞助。在这类祝酒词中，应该重点阐述公益活动的重要意义。比如，在学校环保协会成立大会祝酒词里，可以这样写："环境保护从我做起，从学校教育做起。青少年学生正值身心发育阶段，价值观和人生观还没有定型，在学校开展环境教育，有利于青少年学生树立正确的环保意识和价值观，从而养成良好的行为习惯。"

　　公益活动的另一个目的就是号召更多的人投入到公益活动中来，因此，祝酒词要有一定的社会号召力。比如，在慈善晚宴拍卖会的祝酒词里可以这样写：让我们携起手来，共同应对危难，让我们的爱心筑起一道新的万里长城，让更多的人加入到我们的慈善公益行动中来。

慈善筹款义演活动宴会祝酒词

【场合】欢迎晚宴。

【人物】各级领导、来宾。

【祝酒人】领导代表。

漂亮的女士们、尊敬的先生们：

今天，××省在这里设接风宴，欢迎在座的各位热心人士。在此，我谨代表××省人大常委会，向在座的各位朋友表示热烈的欢迎，向积极组织并参与"关爱满人间——××名人援助单亲特困家庭"慈善筹款义演活动的各位朋友，致以崇高的敬意和衷心的感谢。

明天，凝聚××两地各界爱心人士的"关爱满人间"慈善筹款义演活动将在××音乐厅举行。这次活动由××先生提议，得到诸多知名人士的大力支持，特别是在座的各位热心人士的积极响应。大家不辞劳苦、亲力亲为，参与筹款与义演，充分体现了乐善好施、造福桑梓的高尚品格，这是一种心怀祖国的赤子深情。相信明天的活动，必将唤起全社会更多的爱心。

相聚都是知心友，我先喝俩舒心酒！请大家共同举杯，预祝明天的慈善筹款义演活动获得圆满成功。

慈善晚宴拍卖会祝酒词

【场合】慈善拍卖会。

【人物】慈善总会领导，新闻媒体。

【祝酒人】拍卖会主持人。

尊敬的各位来宾、女士们、先生们、朋友们：

大家下午好！

欢迎各位在六月的午后相聚×××慈善拍卖会现场，共同感受这里的浓浓暖意，共同感受这里爱的传递。本次活动是由×××救助工作委员会，×××希望基金爱心者，×××拍卖有限责任公司联合举办的。在这里要特别感谢为本次义拍以及义卖提供艺术品的所有艺术家以及慈善人士们。拍品有价，真情无价，今天我们不用金钱来衡量这些拍品的价值，而是借这个机会来表达各位对×××群体的更多关爱和帮助。

今天，我们很荣幸地请来了×××慈善总会的会长×××，著名慈善人士×××，×××有限公司的董事长×××先生和×××集团总裁×××女士，同时到场的还有×××市慈善协会的各个企业会员，以及影视界的众多重量级明星，在这里，我代表本次拍卖会的组织方对各位的到来表示深深的谢意！对于本次拍卖会能够如期举行，我们要对在座的新闻媒体的朋友表示感谢，是你们对本次活动的大力支持，才使得活动能够顺利进行。此外，我们还为本次活动准备了荣誉证书和捐赠铭牌，以表彰各位的善举。

为了募集到更多的资金为××灾区的人民送去一片温暖，拍卖会组委会经过了×天的精心策划，总共征集到社会各界人士捐赠的艺术品上百件，今天晚上的拍卖会将拍卖其中精选的十件拍品。这十件拍品分别是……。本次拍卖会所有收入将全部捐往灾区，为处在困境中的灾区人民解决基本的生活问题。让我们携起手来，共同应对危难，让我们的爱心筑起一道新的万里长城。

酒杯端起来呦，亲人和朋友，我们大家呦，相距在一起呦！

谢谢大家！

希望工程慈善晚宴祝酒词

【场合】慈善晚宴。

【人物】各级领导、来宾。

【祝酒人】领导代表。

尊敬的各位领导，各位嘉宾，同志们，新闻界的朋友们：

在×××年的春天即将到来的时刻，我们在这里隆重举行××希望工程×××年迎新春爱心慈善晚宴，为农村贫困地区的孩子们献上我们的爱心。首先，请允许我代表××省青少年发展基金会、××省希望工程办公室，对出席今天爱心慈善晚宴的各位领导、各位嘉宾、各位朋友表示热烈的欢迎！并借此机会，以××希望工程的名义，向长期以来关心支持××希望工程事业的各位领导、各位嘉宾、社会各界的爱心人士和朋友们，致以崇高的敬意和衷心的感谢！

希望工程事业是共青团组织遵循政府多渠道筹集教育资金的方针，广泛动员海内外社会各界人士，筹集善款，建立专项助学基金，帮助和扶持农村基础教育的社会性公益事业。在包括今天在座的各位嘉宾在内的社会各方面爱心人士的关心支持下，××希望工程事业在其××年的发展历程中，取得了辉煌成绩。目前，共建希望小学×××多所，全省有××万名孩子受到希望工程的资助。

希望工程事业是爱心凝聚的事业，是真情铸就的事业，是永远走向春天的事业。今天，我们带着拳拳的爱心，为了一个共同的目标，在这里相聚。在不久的将来，我们今天所凝聚的爱心，将随着春风，温暖着那些受到资助的孩子们的心灵。我们的爱心，种下的是孩子们的梦想和希望，我们收获的将是祖国和民族灿烂的未来！

现在，我宣布，××希望工程×××年迎新春爱心慈善晚宴正式开始。请大家举杯：

为了我们××美好的明天，为了希望工程事业美好的明天，为了孩子们美好的明天，为了在座的各位领导、各位嘉宾和朋友们美好的明天，干杯！

企业爱心活动宴会祝酒词

【场合】爱心宴会。

【人物】企业全体人员、来宾。

【祝酒人】企业领导。

尊敬的各位领导，各位来宾：

大家好！

在今晚这次为残疾儿童捐赠爱心的活动中，我一次次地被感动！

有一种关怀，它常使我们泪流满面；有一种力量，它能让我们精神抖擞；这种关怀从你我的眼里轻轻释放；这种力量，在你我的指尖悄悄流动。那就是——爱心。

爱心，有时可能仅仅是对孩子的一份耐心，是一个真诚的微笑，是对陌生老人一次热心的搀扶，是对困难家庭的帮助……这些对许多人来讲都是举手之劳的小事，却能使他人感到这个社会的温情，使周围的人受到教育和影响，从而促进良好社会风气的形成。每天都有一些让人感动的爱心呈现在我们面前，每天都有一些在危难疾病中的孩子得到帮助。爱心行动让更多的人体会到社会的温暖，给不幸者点燃了希望的火炬。没有爱，就不可能有健全的精神。心理学家的研究已经多次证明：经常行善的人相对比较健康长寿。

懂得感恩，让我们更加幸福、高尚！

酒肉穿肠过，朋友心中留！看到今天恁个高兴的份上，来我敬各位一杯！

最后，真诚地祝愿，让我们用爱拥抱每一天，用心感动每个人，让爱感染每个人的心灵，使每一个孩子健康快乐地成长。谢谢！

校领导答谢公司捐资助学祝酒词

【场合】答谢宴会。

【人物】学校领导，全体教师和学生，公司领导，县委县政府相关领导，新闻媒体。

【祝酒人】学校校长。

尊敬的各位领导，各位来宾，亲爱的老师们、同学们：

空气中弥漫着更多爱的分子，校园的每一个角落都充满了更多的感激和感动，因为，今天，××公司为了支持我们学校事业的发展和同学们的健康成长，前来我校捐资助学。借此良机，我代表全体师生向你们的到来表示热烈地欢迎，对你们的大力资助致以诚挚的谢意和崇高的敬礼！同时，衷心感谢各位领导的莅临！

我校的大部分学生来自农村，家境贫寒、生活困难。为了能让这部分学生不因贫困而耽误学习，我校一直很重视扶助贫困生的工作，积极想办法，开展了一些扶贫工作，如为贫困学生捐款、捐衣物等。但是，由于资金来源有限，贫困学生人数比较多的原因，学校范围内的资助只是杯水车薪，无法解决所有的问题。自从××公司对我校进行捐资助学以来，我校很多方面都得到了很大改善。

××公司自××××年来，一直情系教育，时刻关注并默默支持着我校教育事业的发展，不仅无私捐助我校的贫困学生，还为我校提供了很多先进的教学设备，无私地把爱心奉献给我们。几年来，我校贫困生的生活水平得到了很大提高，我校的办学条件也得到了很大改善。今天，你们又来到了我们学校，为孩子，为学校送来温暖，让我再次代表全体师生向你们表示衷心的感谢。

我们一定会珍惜你们送来的爱心，加倍努力搞好教育教学工作，不断提高教育教学质量和办学水平，用实际行动报答你们对孩子和学校的关爱。同学们，请你们一定要牢记××公司的恩情，不辜负大家对你们的期望，努力学习，为学校、为社会、为祖国争光。

请各位领导放心，在不久的将来，我校一定会更加灿烂辉煌！朋友们！举杯吧！

助残爱心家园落成仪式祝酒词

【场合】×××助残爱心家园落成仪式。

【人物】市残联相关领导、市委相关领导、×公司相关领导、相关工作人员及市民。

【祝酒人】爱心家园负责人。

尊敬的各位领导、朋友们：

上午好！

阳春三月，草长莺飞。今天，空气中到处弥漫着爱的气息，每一个角落都能寻到爱的踪影，因为由×公司援建的×××助残爱心家园正式落成。今天，我们在这里举行隆重的落成仪式，将爱洒向每个残疾人的心中。首先，请允许我代表×××助残爱心家园向各位领导的帮助和支持，向×公司的大力援建表示由衷的感谢。

爱，是人类共同的语言；爱，是人类传承的动力；爱，是慈善事业不竭的源泉；爱，是构建和谐社会的必要元素。在日益和谐的世界里，爱牵动着千千万万人的心，有一批人得到了以往任何一个时代所想象不到的关怀，有一批人得到了以往任何一个时代所享受不到的爱的洗礼。他们就是身体有残疾的人。×××助残爱心家园正承载着历史留给我们的最珍贵的爱准备开始航行，我们希望能用我们的爱帮助每一位残疾人，让每一位残疾人得到更多的快乐和健康的生活。

×××助残爱心家园的办园宗旨是"让残疾朋友心中充满爱"。我们拥有一支充满爱心、待人真诚、服务体贴的工作队伍，每一个工作人员都深深地热爱这份事业，都拥有坚定的信念，每一个进入×××助残爱心家园的朋友都一定能感受到浓浓的爱意。让我们凝聚爱心，将真情洒满人间，让我们一起发出对爱的呼唤。

今天各位领导以及各位朋友带给我们满满的祝福，我们坚信，在各级领导的重视关心下，在社会各界的帮助支持下，我们一定能将×××助残爱心家园建设成为残疾人士最温暖的精神家园！我们也一定会把这

211

份事业发扬光大！希望各位领导以及各位朋友在日后的工作中给予我们更多的扶持，并对我们的工作加以监督和指正。

最后，请大家高举手中的酒杯为我们共同的事业干杯！为残疾人美好的明天干杯！

谢谢大家！

第十章　其他场合祝酒词

其他场合的祝酒词有许多，比如乔迁祝贺类、比赛类、研讨会等。祝辞人要根据不同的场合，有重点地发表自己的祝辞。比如，比赛类的祝酒词需要充满激情，能够调动大家的积极性，同时也要对比赛进行必要的介绍；而研讨会的祝酒词则应该注重学术性，这类场合的祝酒词一般是由政府部门领导或者学术权威发表。例如，在风和日丽的金秋时节，在繁华秀美的省会郑州，与出席××与××网"××报道"研讨会的领导和精英、儒商名流、媒体友人、有识之士真情相聚，共叙情谊，共探"××报道"，我和我的同事们都感到由衷的高兴。

庆贺乔迁新居祝酒词

【场合】乔迁酒宴。

【人物】嘉宾。

【祝酒人】主持人。

各位来宾、女士们、先生们：

大家好！

今天我们在这里欢聚一堂，共同祝贺××、×××夫妇乔迁新居之庆。承蒙各位来宾的深情厚谊，我首先代表××先生与××女士对各位的到来，表示最热烈的欢迎和衷心的感谢！

××、××夫妇一生兢兢业业，勤俭持家，如今事业有成，家庭美满、幸福。所以，我在这里也要代表××大酒店和各位来宾，向××、××夫妇乔迁新居表示衷心祝贺！

为感谢各位来宾的深情厚谊。××府在这里略设便宴，望各位来宾海涵见谅。

各位来宾，让我们举起手中的酒杯，共同祝福××、××一家财源广进、合家欢乐！祝各位来宾，财运亨通，四季康宁！

现在，我宣布：鸣炮。开席。

知名品牌年度订货会祝酒词

【场合】订货会酒宴。

【人物】领导、经销商。

【祝酒人】主持人。

各位领导，各方来宾，广大经销商朋友：

今晚，我们欢聚一堂，共同祝贺××品牌××年春夏秋季订货会圆满结束。值此良辰美景，请允许我代表××公司的全体员工，对大家百忙之中抽空光临表示热烈的欢迎，同时，××的发展离不开各位的大力支持，借此机会，我向你们表示最真诚的感谢！

通过本次订货会拓宽××品牌的知名度、认知度、美誉度，同时我们要充分利用订货会的大好机会，全方位整合以往较为狭窄的传播渠道，实现第一次较为集中的品牌传播，拉动××市场的销售，让来自各地的经销商见证×××分公司整体优势及对品牌运营的大手笔，使原本一次较为黯淡的活动重获生机！

现在我提议，为这次订货会的顺利召开，为我们今日的相聚，为我们的美好明天，干杯！

书法大赛迎宾晚宴祝酒词

【场合】硬笔书法大赛晚宴。
【人物】领导、嘉宾。
【祝酒人】主持人。

尊敬的各位领导、各位嘉宾：

大家晚上好！

借着秋风送爽，我们今晚相聚在这美丽的××大酒店，举行"魅力××·中华孝文化硬笔书法大赛"暨第二回中国硬笔书法大展颁奖大会，在此，我代表中共××市委、××市人民政府向出席今晚宴会的各位领导、新闻媒介的朋友们表示最热烈的欢迎和最诚挚的祝福！

百善孝为先是我们中华民族的传统美德。××市作为孝文化和楚文化的重要发祥地之一，有着众多的自然和人文景观，比如，××展示了××绚丽多彩的古代文化；××等艺术形式，体现了××传统民间文化源远流长；以××为代表的自然景观和以××为代表的人文景观，交相辉映，秀丽迷人。

这次以"孝文化"为主题的硬笔书法活动将是一次万人参与，规模宏大的书法盛会、文化盛会。这对于弘扬"孝老爱亲"的传统美德，挖掘源远流长的孝文化，打造"中华孝文化名城"品牌，扩大××知名度，促进××经济社会又好又快的发展，都将产生有力的推动作用和深远的影响。

现在，让我们共同举杯，预祝本次孝文化硬笔书法大赛的圆满成功，为各位领导、各位嘉宾和各位艺术家的身体健康、事业有成，干杯！

演讲比赛迎宾宴会祝酒词

【场合】演讲比赛迎宾宴会。
【人物】各级领导、职工及参赛选手，组委会工作人员。
【祝酒人】领导代表。

同志们：

春暖花开，莺歌燕舞。明天，由市国税局组织举办的以"大力发展文化建设"为主题的演讲比赛即将开始。在此，我代表全体国税系统的工作人员向对本次演讲比赛给予大力支持的各位领导、各位评委及为比赛的准备工作辛勤付出的工作人员表示衷心的感谢！向各位观众的到来表示热烈的欢迎。

为大力推进全市国税系统文化建设，认真践行社会主义核心价值体系，丰富国税工作队伍的业余文化生活，提高干部职工的思想道德水平和职业道德水平，促进我市国税事业的健康、和谐发展，我局特组织开展了以"大力发展文化建设"为主题的演讲比赛活动。

为组织举办好本次比赛，我们做了充分的准备工作。我们专门成立了领导小组，召开了×次讨论会，对比赛的相关事宜进行探讨研究，及时制订了方案并下发了通知，从×月份就开始在系统内部宣传发动，很快就确定了参赛选手的名单。接下来的日子里，我们给各位参赛选手充足的准备时间，稿件撰写、人员选拔及推荐等有关准备工作有序进行，以确保演讲比赛活动的顺利开展。

本次比赛的全部参赛选手都在30岁以下，是该局最年轻最有活力和战斗力的骨干力量，都具有较高的学历文凭和理论水平，并有一定的工作经验。我相信，他们的演讲一定会非常精彩。

文化建设既是建设物质文明的重要条件，也是提高人民思想觉悟和道德水平的重要条件。文化建设的基本任务就是用当代最新科学技术成就提高人民群众的知识水平，通过合理和进步的教育制度培养社会主义一代新人，并用最能反映时代精神的健康的文学艺术和生动活泼的群众文化活动来陶冶人们的情操，丰富人们的精神生活。为此，中共中央开展了精神文明创建活动，根本任务是提高全民族的科学文化素质和道德水平，培养"四有"公民。那么具体到我们国税系统，该如何抓好文化建设的工作呢？今天，各位参赛选手将从理论出发，以事实为依据，围绕"大力加强文化建设"这个主题展开激烈的演讲。

最后，让我们为各位参赛选手的演讲干杯！

妇女节趣味运动会迎宾祝酒词

【场合】学校庆祝三八妇女节趣味运动会迎宾宴会。
【人物】学校领导、工会成员、全体女职工、运动会工作组成员。
【祝酒人】学校校长。

各位领导，女士们、先生们：

天时人事日相催，冬至阳生春又来。春回大地，万物复苏，伴随着春天的脚步，我们一同迎来了第×个三八国际劳动妇女节。我们在这里举办××学校三八妇女节趣味运动会，共同庆祝全世界妇女同胞的节日。在此，我代表全校教职工向各位妇女工作者致以节日的问候！预祝本次活动圆满开展！

××年前，国际社会主义者第二次妇女代表大会顺应广大被压迫妇女向往自由、要求平等的愿望，确定每年3月8日为国际劳动妇女节。从那时以来，全世界妇女为争取平等和自由而经历了史诗般的奋斗历程。在历史上，中国女性的伟大是我们有目共睹的，多少巾帼英雄，多少女中豪杰为推动社会的发展和时代的进步做出了巨大的贡献。新时代的女性继承优良传统，弘扬时代精神，在祖国的沧桑巨变中撑起了半边天。

社会的发展与进步离不开女性，学校的建设与进步更离不开女性。作为××学校的工作者，你们任劳任怨，不辞劳苦，为学校的蓬勃发展付出了辛勤的劳动。身为女性，你们有着共同的愿望，那就是祈盼幸福美好的人生，期望平等、和平、发展的环境；身为女性，你们有着善良、宽容的心灵。在家里，你们努力做一个贤惠的妻子和母亲，在学校，你们还得身挑工作重担。学校的美丽离不开你们的辛勤努力，学校的强大少不了你们所做的贡献，对此，我只能代表男同胞，代表学校真诚地对你们说一声："辛苦了！"学校通过举办趣味运动会表达对各位妇女同胞的关爱，希望你们能在活动中获取快乐，忘记烦恼和忧愁，在活动中放松身心，强身健体。

展望未来，学校发展前程似锦，希望在座的各位女同胞志存高远，传承文明，弘扬新风，勤奋学习、刻苦求知，做自尊、自信、自立、自强的时代女性，以更加开阔的眼界、更加务实的精神、更加昂扬的姿态，推动我们学校教育事业的发展。

最后，为广大辛苦的妇女同志们干杯！

武术比赛欢迎晚宴祝酒词

【场合】区首届武术比赛欢迎晚宴。

【人物】区委区政府的相关领导，组委会成员，爱好武术的朋友。

【祝酒人】组委会负责人。

尊敬的各位领导、武术界的朋友们、××区的居民们：

为学习中国武术，弘扬中华武术精神，活跃××区居民的生活，培养全体居民终身运动的意识，推动××区文化体育事业的发展。今天，由区委区政府、区武术协会精心筹备的"区首届武术比赛"即将在此隆重拉开序幕，这是××区文化体育事业的一件盛事，本次大赛将把我区开展全民健身事业推向一个新的高潮。在此，谨让我代表本次比赛组委会，并以我个人的名义，向"区首届武术比赛"的隆重举行表示最热烈的祝贺！向为本次比赛辛勤付出的工作人员表示衷心的感谢！向出席开幕式欢迎晚宴的各位领导、各位参赛选手及各位武术爱好者表示热烈的欢迎和诚挚的问候。

武术起源于中国，是我国固有的传统体育项目，是中华民族的宝贵文化遗产。中国武术是一种中国特色的文化，是在长期的生产劳动、与大自然的搏斗和冷兵器时代的战争中逐步形成与发展起来的体育项目。溯武术之历史，可谓源远流长；究武术之内容，堪称博大精深。几千年来，在物竞天择、适者生存的自然和人类社会环境里，武术能滋生繁衍、长青不衰，有其自身的存在价值。它不仅是个技艺问题，而且是一种文化现象，是经过千锤百炼凝聚而成的一种优秀的传统文化。它是高层次的科学，高层次的体育。由于武术固有的特点和优势，它在我国当今开展的全民健身计划中必将大有作为；在国际上，也将越来越受各国人民的青睐。应该说这是我们中华民族对全人类健康与幸福的伟大奉献。

希望这次比赛能有力地促进运动员的相互切磋和交流，进一步弘扬中华武术这一民族传统、文化瑰宝，推动××区全民健身运动的蓬勃发展。

最后，让我们共同举杯，预祝本届武术大会取得圆满成功，祝全体运动员取得好成绩，为××区的发展，干杯！

第十一章　酒桌上的礼仪和学问

正所谓"无规矩不成方圆"，饮酒也要讲究一定的礼仪和学问。在一些正式场合，遵守礼仪是非常重要的，因为这些场合不单单是饮酒聚会这么简单，它往往有着更深层次的意义，可能关系着一项谈判的成败，也有可能决定一个人的仕途。在日常场合中我们也要知道一些饮酒的学问，如何成功地劝酒与拒酒，这都是有技巧和学问的。如果你想在酒场上游刃有余，从容应对，下面的内容也许会对你有所帮助。

酒桌上的原则和礼仪

喝酒就是为了活跃气氛，在餐桌上，除了恰到好处的敬酒，还要注意遵循一定的酒桌原则。

一、众欢同乐，切忌私语

在聚会上，由于各人的兴趣爱好、知识面不同，话题尽量不要太偏。应尽量多谈论一些大部分人能够参与的话题，得到多数人的认同。避免唯我独尊，天南海北，神侃无边，出现跑题现象，而忽略了他人。特别是尽量不要与人贴耳小声私语，给人一种神秘感。

二、瞄准宾主，把握大局

大多数聚餐都有一个主题，赴宴时首先应环视一下各位的神态表情，分清主次，不要单纯地为了喝酒而喝酒，而失去交友的机会，更不要让某些哗众取宠的酒徒搅乱东道主的意思。

三、语言得当，诙谐幽默

酒桌上可以显示出一个人的才华、常识、修养和交际风度，有时一句诙谐幽默的语言，会给客人留下很深的印象，使人无形中对你产生好感。所以，应该知道什么时候该说什么话，语言得当，诙谐幽默很关键。

四、劝酒适度，切莫强求

别把酒场当战场，总想着变着法劝别人多喝几杯，认为不喝到量就是不实在。有时过分地劝酒，会将原有的朋友感情完全破坏。

有调查显示，超过 60% 的人对频繁劝酒表示反感，随着社会的进步，越来越多的人都觉得聚会时要"喝好"别"喝倒"。

以上是酒桌上应严守的原则，下面我们来讲解酒桌上的一些基本礼仪。大家在参加宴会出席典礼的时候，如果行为违背了这些礼仪，就容易给人留下不好的印象。

第一，座次。总的来讲，座次是"尚左尊东""面朝大门为尊"。若是圆桌，则正对大门的为主客，主客左右手边的位置，则以离主客的距离来看，越靠近主客位置越尊，相同距离则左侧尊于右侧。若为八仙桌，如果有正对大门的座位，则正对大门一侧的右位为主客。如果不正对大门，则面东的一侧右席为首席。

如果为大宴，桌与桌间的排列讲究首席居前居中，左边依次2、4、6席，右边为3、5、7席，根据主客身份、地位，亲疏分坐。如果你是主人，你应该提前到达，然后在靠门位置等待，并为来宾引座。如果你是被邀请者，那么就应该听从东道主安排入座。一般来说，如果你的老板出席的话，你应该将老板引至主座，请客户最高级别的领导坐在主座左侧位置。

第二，点菜。如果时间允许，你应该等大多数客人到齐之后，将菜单供客人传阅，并请他们来点菜。当然，作为公务宴请，你会担心预算的问题，因此，要控制预算，你最重要的是要多做饭前功课，选择合适档次的请客地点是比较重要的，这样客人也能大大领会你的意思。况且一般来说，如果是你来买单，客人也不太好意思点菜，都会让你来做主。如果你的老板也在酒席上，千万不要因为尊重他，或是认为他应酬经验丰富，酒席吃得多，而让他来点菜，除非是他主动要求。否则，他会觉得不够体面。如果你是赴宴者，你应该知道，你不该在点菜时太过主动，而是要让主人来点菜。

如果对方盛情要求，你可以点一个不太贵、又不是大家忌口的菜。记得征询一下桌上人的意见，特别是问一下"有没有哪些是不吃的?"或是"比较喜欢吃什么?"让大家感觉被照顾到了。点菜后,可以请示"我点了菜,不知道是否合几位的口味""要不要再来点其他的什么"等。点菜时,一定要心中有数,可根据以下三个规则:

一看人员组成。一般来说,人均一菜是比较通用的规则。如果是男士较多的餐会可适当加量。

二看菜肴组合。一般来说,一桌菜最好是有荤有素,有冷有热,尽量做到全面。如果桌上男士多,可多点些荤食,如果女士较多,则可多点几道清淡的蔬菜。

三看宴请的重要程度。若是普通的商务宴请,平均一道菜价格在50~80元可以接受。如果这次宴请的对象是比较关键人物,那么则要点上几个够分量的菜,例如龙虾、刀鱼、鲥鱼,再要上规格一点,则是鲍鱼、翅粉等。

还有一点需要注意的是,点菜时不应该问服务员菜肴的价格,或是讨价还价,这样会让你公司在客户面前显得有点小家子气,而且客户也会觉得不自在。

第三,吃菜。中国人一般都很讲究吃,同时也很讲究吃相。随着职场礼仪越来越被重视,商务饭桌上的吃和吃相也更加讲究。以下以中餐为例,教你如何在餐桌上有礼有仪,得心应手。中餐宴席进餐伊始,服务员送上的第一道湿毛巾是擦手的,不要用它去擦脸。上龙虾、鸡、水果时,会送上一只小小水盂,其中漂着柠檬片或玫瑰花瓣,它不是饮料,而是洗手用的。洗手时,可两手轮流沾湿指头,轻轻涮洗,然后用小毛巾擦干。用餐时要注意文明礼貌。对外宾不要反复劝菜,可向对方介绍中国菜的特点,吃不吃由他。

有人喜欢向他人劝菜,甚至为对方夹菜。外宾没这个习惯,你要是一再客气,没准人家会反感:"说过不吃了,你非逼我干什么?"以此类推，参加外宾举行的宴会，也不要指望主人会反复给你让菜。你要是等别人给自己布菜，那就只好饿肚子。客人入席后，不要立即动手取食。而应待主人打招呼，由主人举杯示意开始时，客人才能开始；客人不能抢在主人前面动筷子。夹菜要文明，应等菜肴转到自己面前时，再动筷子，不要抢在邻座前面，一次夹菜也不宜过多。要细嚼慢咽，这不仅有利于消化，也是餐桌上的礼仪要求。

决不能大块往嘴里塞，狼吞虎咽，这样会给人留下贪婪的印象。不要挑食，不要只盯住自己喜欢的菜吃，或者急忙把喜欢的菜堆在自己的盘子里。用餐的动作要文雅，夹菜时不要碰到邻座，不要把盘里的菜拨到桌上，不要把汤泼翻。不要发出不必要的声音，不要一边吃东西，一边和人聊天。嘴里的骨头和鱼刺不要吐在桌子上，可用餐巾掩口，用筷子取出来放在碟子里。掉在桌子上的菜，不要再吃。进餐过程中不要玩弄碗筷，或用筷子指向别人。

不要用手去嘴里乱抠。用牙签剔牙时，应用手或餐巾掩住嘴。不要让餐具发出任何声响。用餐结束后，可以用餐巾、餐巾纸或服务员送来的小毛巾擦擦嘴，但不宜擦头颈或胸脯；餐后不要不加控制地打饱嗝或嗳气；在主人还没示意结束时，客人不能先离席。

第四，喝酒。俗话说，酒是越喝越厚，但在酒桌上也有很多学问讲究，以下总结了一些酒桌上的你不得不注意的小细节。

细节一：领导相互敬完才轮到自己敬酒。敬酒一定要站起来，双手举杯。

细节二：可以多人敬一人，决不可一人敬多人，除非你是领导。

细节三：自己敬别人，如果不碰杯，自己喝多少可视情况而定，比如，看对方酒量、对方喝酒态度，切不可比对方喝得少，要知道是自己敬别人。

细节四：自己敬别人，如果碰杯，一句，我喝完，你随意，方显大度。

细节五：记得多给领导或客户添酒，不要瞎给领导代酒，就是要代，也要在领导或客户确实想找人代，还要装作自己是因为想喝酒而不是为了给领导代酒而喝酒。比如，领导甲不胜酒力，可以通过旁敲侧击把准备敬领导甲的人拦下。

细节六：端起酒杯（啤酒杯），右手扼杯，左手垫杯底，记着自己的杯子永远低于别人。自己如果是领导，则不要放太低。

细节七：如果没有特殊人物在场，碰酒最好按时针顺序，不要厚此薄彼。

细节八：碰杯，敬酒，要有说词，不然，我干吗要喝你的酒？

细节九：桌面上不谈生意，喝好了，生意也就差不多了，大家心里面了了然，不然人家也不会敞开了跟你喝酒。

细节十：假如遇到酒不够的情况，酒瓶放在桌子中间，让人自己添，不要去一个一个倒酒，不然后面的人没酒怎么办？

记住：做客绝不能喧宾夺主乱敬酒，那样是很不礼貌，也是很不尊重主人的。

第五，倒茶。这里所说的倒茶学问既适用于客户来公司拜访，同样也适用于商务餐桌。首先，茶具要清洁。客人进屋后，先让坐，后备茶。冲茶之前，一定要把茶具洗干净，尤其是久置未用的茶具，难免沾上灰尘、污垢，更要细心地用清水洗刷一遍。在冲茶、倒茶之前最好用开水烫一下茶壶、茶杯。这样，既讲究卫生，又显得彬彬有礼。如果不管茶具干净不干净，胡乱给客人倒茶，这是不礼貌的表现。

人家一看到茶壶、茶杯上的斑斑污迹就反胃，怎么还愿意喝你的茶呢？现在一般的公司都是一次性杯子，在倒茶前要注意给一次性杯子套上杯托，以免水热烫手，让客人一时无法端杯喝茶。其次，茶水要适量。先说茶叶，一般要适当。茶叶不宜过多，也不宜太少。茶叶过多，茶味过浓；茶叶太少，冲出的茶没味道。假如客人主动介绍自己喜欢喝浓茶或淡茶的习惯，那就按照客人的口味把茶冲好。再说倒茶，无论是大杯小杯，都不宜倒得太满，太满了容易溢出，把桌子、凳子、地板弄湿。不小心，还会烫伤自己或客人的手脚，使宾主都很难为情。当然，也不宜倒得太少。倘若茶水只遮过杯底就端给客人，会使人觉得是在装模作样，不是诚心实意。

再次，端茶要得法。按照我国人民的传统习惯，只要两手不残废，都是用双手给客人端茶的。但是，现在有的年轻人不懂得这个规矩，用一只手把茶递给客人了事。双手端茶也要很注意，对有杯耳的茶杯，通常是用一只手抓住杯耳，另一只手托住杯底，把茶端给客人。没有杯耳的茶杯倒满茶之后周身滚烫，双手不好接近，有的同志不管三七二十一，用五指捏住杯口边缘就往客人面前送。这种端茶方法虽然可以防止烫伤事故发生，但很不雅观，也不够卫生。请试想，让客人的嘴舐主人的手指痕，好受吗？没有正确送茶方法吗？

如果上司和客户的杯子里需要添茶了，你要义不容辞地去做。你可以示意服务生来添茶，或让服务生把茶壶留在餐桌上，由你自己亲自来添则更好，这是不知道该说什么的时候最好的掩饰办法。当然，添茶的时候要先给上司和客户添茶，最后再给自己添。

第六，离席。一般酒会和茶会的时间很长，大约都在两小时以上。也许逛了几圈，认得一些人后，你很快就想离开了。这时候，中途离席的一些技巧，你不能不了解。常见一场宴会进行得正热烈的时候，因为有人想离开，而引起众人一哄而散的结果，使主办人急得直跳脚。欲避免这种煞风景的后果，当你要中途离开时，千万别和谈话圈里的每一个人一一告别，只要悄悄地和身边的两三个人打个招呼，然后离去便可。

中途离开酒会现场，一定要向邀请你来的主人说明、致歉，不可一溜烟便不见了。和主人打过招呼，应该马上就走，不要拉着主人在大门口聊个没完。因为当天对方要做的事很多，现场也还有许多客人等待他去招呼，你占了主人太多时间，会造成他在其他客人面前失礼。有些人参加酒会、茶会，当中途准备离去时，会一一问他所认识的每一个人要不要一块走。结果本来热热闹闹的场面，被这么一鼓动，一下子便提前散场了。这种闹场的事，最难被宴会主人谅解，一个有风度的人，可千万不要犯下这种错误。

正规西餐中的喝酒礼仪

西餐和中餐有着不同的规矩和礼仪，那么在西餐中我们该如何喝酒呢？下面的一些信息或许对您有用。

一、西餐中的酒类服务

酒类服务通常是由服务员负责将少量酒倒入酒杯中，让客人鉴别一下品质是否有误。只须把它当成一种形式，喝一小口并回答"好"。接着，侍者会来倒酒，这时，不要动手去拿酒杯，而应栖放在桌上由侍者去倒。

正确的握杯姿势是用手指轻握杯脚。为避免手的温度使酒温增高，应用大拇指、中指和食指握住杯脚，小指放在杯子的底台固定。

喝酒时绝对不能吸着喝，而是倾斜酒杯，像是将酒放在舌头上似的喝。轻轻摇动酒杯让酒与空气接触以增加酒味的醇香，但不要猛烈摇晃杯子。

此外，一饮而尽、边喝边透过酒杯看人、拿着酒杯边说话边喝酒、吃东西时喝酒、口红印在酒杯沿上等，都是失礼的行为。不要用手指擦杯沿上的口红印，用面巾纸擦较好。

正式的西餐宴会上，酒水是主角。酒与菜的搭配也十分严格。一般来讲，吃西餐时，每道不同的菜肴要搭配不同的酒水，吃一道菜便要换上一种酒水。

西餐宴会所上的酒水，一共可以分为餐前酒、佐餐酒、餐后酒三种。它们各自又拥有许多具体种类。

餐前酒别名叫开胃酒。显而易见，它是在开始正式用餐前饮用，或在吃开胃菜时与之搭配的。餐前酒有鸡尾酒、香槟酒。

佐餐酒又叫餐酒。它是在正式用餐时饮用的酒水。常用的佐餐酒为葡萄酒，而且大多数是干葡萄酒或是半干葡萄酒。有一条重要的讲究，就是"白酒配白肉，红酒配红肉"。这里所说的白肉，即鱼肉、海鲜、鸡肉，它们需要和白葡萄酒搭配；所说的红肉，即牛肉、羊肉、猪肉。吃这些肉的时候要用红葡萄酒来搭配。这里所说的白酒、红酒都是葡萄酒。

餐后酒指的是用餐之后，用来助消化的酒水。最常见的是利口酒，又叫香酒。最有名的餐后酒，则是有"洋酒之王"之称的白兰地酒。

不同的酒杯饮不同的酒水。在每位用餐者面前桌面上右边餐刀的上方，会摆着三四只酒水杯。可依次由外侧向内侧使用，也可以"紧跟"女主人的选择。一般香槟杯、红葡萄酒杯、白葡萄酒杯以及水杯，是不可缺少的。

二、西餐的敬酒与干杯

在西餐宴会干杯时，人们只是祝酒不劝酒，只敬酒而不真正碰杯的。使用玻璃杯时，应饮去杯中一半酒为宜，当然，也要量力而行。

不能离开座位去敬酒。在西式宴会上，是不允许随便走下自己的座位，越过他人之身，与相距较远者祝酒干杯，尤其是交叉干杯，更不允许。

酒度适量。不管是在哪一种场合饮酒，都要有自知之明，并要好自为之，保持风度，遵守礼仪。

经典拒酒词

酒桌这个交际场所，是挺考验人的。你不能喝酒，最好学会拒酒；你的酒量不能让新友们痛快，那就凭三寸不烂之舌让大伙儿开心。这样，你既不伤自己的身体，又不让劝酒者扫兴。下面就为大家介绍几条"拒酒词"。

一、只要感情好，能喝多少，喝多少

你可以展开说："九千九百九十九朵玫瑰也难成全一个爱情。只有感情不够，才用玫瑰来凑。因此，只要感情好，能喝多少，喝多少。我不希望我们的感情掺和那么多水分。我虽然喝了一点儿，但这一点儿是一滴浓浓的情。点点滴滴都是情嘛！"

二、只要感情到了位，不喝也陶醉

你试试这样说："跟你不喜欢的人在一起喝酒，是一种苦痛；跟你喜欢的人在一起喝酒，是一种感动。我们走到一块，说明我们感情到了

位。只要感情到了位，不喝也陶醉。"

三、只要感情有，喝什么都是酒

你如果确实不能沾酒，就不妨说服对方，以饮料或茶水代酒。你问他："我俩有没有感情？"他会答："有！"你顺势说："只要感情有，喝什么都是酒。感情是什么？感情就是理解，理解万岁！"你然后以茶代酒，表示一下。

四、感情浅，哪怕喝大碗；感情深，哪怕舔一舔

酒桌上，千言万语，无非归结一个字"喝"。如，"感情深，一口吞；感情浅，舔一舔。"劝酒者把喝酒的多少与人的感情的深浅扯到一块。你可以驳倒它们的联系："如果感情的深浅与喝酒的多少成正比，我们这么深的感情，一杯酒不足以体现。我们应该跳进酒缸里，因为我们多年交情，情深似海。其实，感情浅，哪怕喝大碗；感情深，哪怕舔一舔。"

五、为了不伤感情，我一定喝；为了不伤身体，我少喝一点

他劝你："喝！感情铁，喝出血！宁伤身体，不伤感情；宁把肠胃喝个洞，也不让感情裂个缝！"这是不理性的表现，你可以这样回答："我们要理性消费，理性喝酒。'留一半清醒，留一半醉，至少在梦里有你伴随'，我是身体和感情都不愿伤害的人。没有身体，就不能体现感情；没有感情，就是行尸走肉！为了不伤感情，我一定喝；为了不伤身体，我少喝一点儿。"

六、在这开心一刻，让我们来做选择题吧！

我们思路打开一些，拒酒的办法就来了。他要借酒表达对你的情和意，你便说："开心一刻是可以做选择题的。表达情和意，可以：A. 拥抱，B. 拉手，C. 喝酒，任选一项。我敬你，就让你选；你敬我，应该让我选。现在，我选择 A，拥抱，好吗？"

231

七、君子动口，不动手

他要你干杯，你可以巧设"二难"，请君入瓮。你问他："你是愿意当君子还是愿意当小人？请你先回答这个问题。"他如果说"愿意当君子"，你便说"君子之交，淡如水"，以茶水代酒，或者说"君子动口，不动手，你动口喝"，请他喝；他如果说"愿意当小人"，你便说"我不跟小人喝酒"，然后笑着坐下，他也无可奈何。

总之，拒酒词、拒酒的办法还有很多，要随机应变，"兵来将挡"。酒文化中既有劝酒词，也有拒酒词，你没有酒量，凭着你的机智和口才也可以在交际场上应对自如，游刃有余。

成功劝酒有学问

"感情深，一口闷；感情浅，舔一舔。""万水千山总是情，给点面子行不行。"如此劝酒词听起来倒也合辙押韵，但细一琢磨，总有咄咄逼人的感觉。假设对方真不给面子，双方都比较尴尬。其实，劝酒也是一门学问，劝得巧才能喝得好。

一、真诚地赞美对方

人对于赞美的抵抗力往往是最微弱的，特别是在酒桌上，热闹的气氛使人的虚荣心很容易膨胀，而虚荣心一膨胀人就免不了要有一些超出常规的"豪壮之举"。另外，在酒桌上赞美对方的酒量或学习成绩、工作成绩，如果对方仍坚持不喝，就会牵涉到面子问题，酒桌上众人的眼光会给他造成一种无形的压力：既然你能喝，既然事业这么得意，连杯酒都不愿喝，是瞧不起我们吗？这种压力是对方很容易感觉到的，因而他即使是迫于压力也得拿起酒杯。假设同事小张考上了研究生，在单位为他举行的欢送会上，你作为领导，可以这样劝酒："功夫不负有心人，汗水浇灌出了丰硕的成果。我代表各位同事祝你学业有成，来，让我们端起酒杯，一饮而尽。"得到领导的赞美与鼓励，心情极佳的小张没有不喝之理。

劝对方喝酒，首先抓住他的优点，以赞美、崇拜的语言来敬酒。每个人都喜欢听美言，这样不仅可以成功劝酒，还能拉近彼此间的距离、增进双方的感情。

二、强调场合的特殊意义

常言道人逢喜事精神爽。即使有些人从不喝酒，但在一些特殊的喜庆场合就喜欢多喝几杯，一方面是心里高兴，一方面也是场合的特殊性使然。因此，劝酒者在劝酒时不妨多强调场合的重要性、特殊性，指出它对于对方的价值与意义，这样既能激发对方的喜悦感、幸福感、荣誉感，又使他碍于特定的场合而不得不愉快地饮酒。

例如，在同学聚会上，一位很久没见的老同学不喝酒，于是就有人劝他说："今天是我们 2000 级毕业生的第一次大聚，下次再聚真不知到什么时候。我知道你向来滴酒不沾，但是今天这杯酒，如果你认为不该喝，同学们也都同意，我毫无怨言……"还没等到他把话说完，那位老同学站起来，拿着酒杯说："虽然我从不喝酒，但今天是个意义非凡的日子，为了我们的友谊天长地久，这杯酒我一干而尽。"

可见，强调场合特殊意义的劝酒方法十分见效，因为没有谁愿意在这种场合给大家留下不合群的坏印象。

三、用反语激将对方

俗话说："树怕剥皮，人怕激气。"激将他人是针对人人都有一种保护个人自尊心的心理，抓住对方的过失、弱点或者某种利害关系，给予挫伤其自尊心的刺激。孟子曾说："一怒而天下定。"这怒

因刺激而起，勇气即从胆中而生。许多事业可以凭借这一激而成创举。在酒桌上也是如此。如果你能恰到好处地使用激将法刺激对方的自尊心，使其认识到不喝这杯酒将会丢失脸面，那么对方就会豁出去，逞一回英雄。

例如在一次单位员工的聚餐上，小李喝完一杯后就不再倒酒。这时，你可以这样激将他："小李，你看看四周，凡是小伙子可是每人一瓶酒，女同志例外。如果你不是男子汉，这瓶酒你可以不喝。或者，我给你叫瓶'露露'？你瞧，女士们可是人手一瓶啊。"小李被激将说道："谁说我不能喝？不信咱俩一较高下。"说着，他倒满一杯酒，一饮而尽。激将法在这里取得了显著效果。

不过，使用此方法劝酒一定要注意适可而止，如不成就干脆作罢，以免真的损伤对方的自尊，两人较起劲来，甚至伤了和气，那就得不偿失了。

四、挑对方毛病

"罚酒三杯"是中国人劝酒的独特方式，使用此方式劝酒需充分调动其他人的力量，争取让大家认同自己的说法，然后一起给对方施加压力。一般来说，只要挑出的"毛病"不是牵强附会或无理取闹，而且注意用语的恰当、幽默，那么就不会令对方产生反感。

如参加婚礼，郭涛迟到5分钟，此时就可用挑毛病的方式劝酒："大家都看见了，郭涛迟到5分钟！按公司规定，上班迟到1分钟扣1元钱。现在郭涛竟迟到5分钟，大家说该不该罚？"在众人的要求下，郭涛只好拼命点头，自罚三杯。此时，劝酒者再进一步进攻："迟到的事情就算过去了，咱们再说另外一件事。刚才郭涛急匆匆入座时说了些什么？他说：'不好意思，我来晚了。今天特倒霉，早早就起床，结果还是遇上堵车。'要知道，今天是咱们同事赵斌喜结良缘的好日子，郭涛却说'倒霉',大家说,郭涛该不该罚?"众人异口同声地说"该罚",于是,郭涛再次自罚三杯。

罚酒的理由五花八门,只要巧妙抓住对方的"失误",调动大家的积极性,就能迫使对方自罚三杯,达到劝酒的目的。

五、采用以退为进的方法

对于某些酒量委实有限的人,特别是女士和年轻的小伙子,过分勉强不但达不到目的,反而会令对方生厌。这时,我们不妨采用以退为进的战术,在饮酒量上做些让步,即自己喝一杯,对方喝半杯,或改喝啤酒。例如一位男士向女士劝酒,说道:"小王,我说得口干舌燥,你还是不喝吗?你看这样好不好,我喝一杯,你喝一口。如果你再次拒绝,我会觉得没面子,只能找个地缝钻进去。"说完,该男士一仰脖就喝完了。王女士见状,不好意思推却,只好喝了一口。

以退为进的劝酒方法之所以能成功,是因为对方在你苦劝之下执意不喝,已感到有损你的面子,此时你再做出让步,对方就不便再推脱。

但是此方法并非人人受用,试问只喝一杯就醉的人,怎么劝酒?因此,采取以退为进的劝酒方法,前提是你拥有不错的酒量,即使劝酒时吃点亏也不影响大碍。

六、强调酒宴对自己的意义

酒宴是联络和增进感情的重要场所,通过向同级、上级与下级敬酒、劝酒,能够促进双方的情感交流,使彼此的关系更密切、更稳固。一般来说,如果劝酒本身真的能够达到这个目的的话,对方是不会轻易拒绝的。针对这种心理,领导者在劝酒时可以充满感情地强调一下自己与对方的特殊关系,使劝酒变为两人之间独特的情感交流方式。

如果是在十分庄重的交际宴请中,劝酒词就要讲求文采和风格。且看某市市长出访德国马尔巴赫市，在欢庆两市成为友好城市的晚宴上的一段致词。

"让我端起金色的葡萄酒，在诗人席勒的故乡，用他著名的《欢乐颂》里的一段话，为我们已经签订的盟约干杯！巩固这个神圣的团体，凭着这金色美酒起誓：对于盟约要矢志不移，凭星空的审判起誓。"

这段劝酒词风格独特。它突出该市是席勒的故乡这一典型特征，引用席勒的名诗名句，把酒会的欢乐气氛及双方长期友好合作的愿望表达得淋漓尽致。

巧妙拒酒讲技巧

宴会应酬免不了喝酒。面对别人劝酒时，如果理由不充分，不但伤害对方的面子，也令大家扫兴，但喝得太多会伤身。因此，我们有必要掌握一套实用"拒酒术"，以达到"却酒不失礼，拒酒结情谊，让酒显潇洒，避酒人称奇"的完美效果。

一、把身体健康作为挡箭牌

中国人敬酒，往往希望对方多喝些，以表示自己尽到了主人之谊，客人喝得越多，主人则越高兴，说明客人看得起自己。相反，客人喝得少甚至不喝，主人顿时觉得颜面无存。虽然说人与人的感情交流往往在推杯换盏间得到升华，但是酒喝多了毕竟伤身。所以，当别人劝酒时，我们可以以身体不舒服或是患有某种忌酒的疾病（如肝脏不好、高血压、心脏病等）为理由，拒绝饮酒。这样做既委婉地谢绝对方，又使自己免于喝醉。例如，某领导参加一个宴会。王强与他好久不见，提出要和他痛饮三杯，该领导说："你的情意我心领了，遗憾的是我最近身体不适，正在吃中药，需忌酒，只好请你多关照。来日方长，日后再聚我一定与你一醉方休，好吗？"此言一出，大家纷纷赞许，王强也不再勉强。

二、提及过度喝酒后果

酒宴的最高境界是让客人乘兴而来，尽兴而归。那种不顾实际的劝酒风，说到底是以把人喝倒为目的，这充其量只能说是一种低级趣味的劝酒术，是劝酒中的大忌。作为被动者，不能饮酒或当酒量喝到一半有余时，就应向东道主或劝酒者说明情况。

例如："我一会儿要开车，不能饮酒，希望各位多包涵。

"感谢你对我的一片盛情，我原本只有三两酒量，今天因格外开心多贪了几杯，再喝就'不对劲'了，还望你能体谅。

"我老婆一闻我满口酒气就立刻翻脸。我不骗你，所以你如果真为我着想，那我们就以茶代酒吧？"

这种实实在在地说明饮酒后果和隐患的拒酒术，最能得到对方的理解。无论如何，如果遇到劝酒者，一定要保持清醒的头脑，耐心解释过度饮酒的严重危害，动之以情，晓之以理，大多数人会理解你的良苦用心的。

三、挑对方劝酒语中的毛病

对方劝酒总要找个理由，而这些理由有时存在漏洞。如果我们抓住这些漏洞，分析其中道理，最后证明应该喝酒的不是自己而是对方，或者是其他人，到最后便会不了了之。比如，在一次朋友聚会上，有人这样向你劝酒："张先生，这桌酒席上只有我们两位姓张，五百年前是一家，看来我们缘分不浅，这杯酒应当干掉！"此时你就可以抓住疏漏，这样拒酒："哦，我很想跟您喝这杯酒，可是实在对不起，您可能搞错了，我的'章'是'立早章'，不是'弓长张'，所以，我不知道这两个同音不同字的姓五百年前是否也是一家？所以，您这杯酒我不好喝。"对方理由不成立，也再没法劝你喝酒了。

漏洞抓得准，分析得有理有据，对方就无话可说，只好放弃眼前难以对付的"劝酒对象"。而且你现场的应变能力和表演"脱口秀"的水平，令对方无比佩服。即使被拒绝，也不失体面。

四、练就一副好口才

酒桌上，如果以身体不适、开车、准备生孩子为理由拒酒都不成功，那么，你必须学会运用你的三寸不烂之舌巧妙周旋。

面对朋友的"酒逢知己千杯少"，你真诚地说："只要情意真，茶水也当酒。"豪爽的朋友说："感情深，一口闷。"你微笑地回答他："只要感情好，能喝多少喝多少。感情浅，哪怕喝上一大碗；感情深，哪怕抿一抿。"爱酒的朋友说："酒是粮食精，越喝越年轻。"你不妨怯怯地说："出门前老婆有交代，少喝酒多吃菜。"你只管装成"妻管严"。

总之，拒酒的办法还有很多，要随机应变，"兵来将挡，水来土掩"。酒文化博大精深，只要你用心琢磨，多加学习，即使没有酒量，凭着机智的口才也可以在交际场上应对自如，成为一个交际高手。

五、女将出马，以情动人

艳艳陪丈夫去参加聚会，酒席上丈夫的好朋友们大有不醉不归的架势。但丈夫身体不好，艳艳担心生性内向的丈夫会一陪到底，而不会适时拒绝。等丈夫三杯白酒下肚，艳艳站了起来，举起手中的酒，对酒席上丈夫的朋友们说："各位好朋友，我丈夫身体不好，两周前还去过医院，医生特地嘱咐说不能喝酒，可今天见了大家，他高兴，才喝了那么多。既然都是好朋友，你们一定不忍心让他酒喝尽兴了，人却上医院了。为了不扫大家的兴，我敬各位一杯，我先干为敬！"

说完，一杯酒就下了艳艳的肚子。丈夫的朋友们，听她说的话挺在理，又充满感情，再看她豪爽的架势，也就不再劝她丈夫的酒了。

酒席上，女人拒酒往往更能得到人们的理解，如果女人能帮着丈夫拒酒，不就是帮丈夫解围了吗？当然这时，一定要慎重，不要贸然代替丈夫拒酒，否则会让人觉得你的丈夫不豪爽，反而有损丈夫的面子。

六、为对方设下圈套

刘某新婚大喜之日，当酒宴进入高潮时，某"酒仙"似醉非醉、侃侃而谈，请三位上座的来宾一起"吹"一瓶。面对"酒仙"言辞上的咄咄逼人，三位来宾中的一人站起来说：

"我想请教你一个问题'三人行，必有我师'，这是不是孔子的话？"

"是的。""酒仙"随即说。

来宾插问："你是不是要我们三个人一起喝？"

"酒仙"答："不错。"来宾见其已入"圈套"，便说："既然圣人说'三人行，必有我师'，你又提出要我们三人一起喝，你现在就是我们最好的老师，请你先示范一瓶，怎么样？"

这突如其来的一击，直逼得"酒仙"束手无策、无言以对，只得解除"酒令"。

这一招叫"巧设圈套，反守为攻"，就是先不动声色，静听其言，等待时机，一旦时机成熟，抓住对方言辞中的"突破口"，以此切入，反守为攻，使对方无言争辩，从而回绝。当然了，这一招最为关键的是"巧设圈套"，这需要设局者跳出当时的处境，以旁观者的心态，去看待事情本身。这时，往往会有"闪亮"的圈套跃入思维。酒场上最忌的是"直白"、"粗鲁"。虚虚实实、实实虚虚是酒场的轴心。

喝酒不醉的秘诀

酒的主要成分是乙醇，不需经酶的分解既能被胃肠吸收。大量饮酒会发生乙醇储留，出现中毒现象。那么，怎样预防在餐桌上喝酒过多而醉酒呢？

一、宜慢不易快

饮酒后 5 分钟乙醇就可以进入血液，30～120 分钟时血中乙醇浓度可达到顶峰。饮酒快则血中乙醇浓度升高得也快，很快就会出现醉酒状态。若慢慢饮入，有充分的时间在体内把乙醇分解掉，乙醇的产生量就少，不易喝醉。

二、食饮结合

喝酒前先吃一些饭菜填填肚子，不要空腹饮酒，这是饮酒不醉的主要诀窍。因为这样可使乙醇在体内吸收时间延长。饮酒时，吃什么东西最不易醉？建议吃猪肝最好。不仅因为其营养丰富，而且猪肝可提高机体对乙醇的解毒能力，常饮酒的人会造成体内维生素 b 的丢失，而猪肝又是含维生素 b 最丰富的食物，故煮猪肝或炒猪肝是很理想的伴酒菜。

三、多吃甜点和水果

俗话说"酒后吃甜柿子，酒味会消失"，这话不错。甜柿子之类的水果含有大量的果糖，可以使乙醇氧化，使乙醇加快分解代谢掉，甜点也有大体相仿的效果。

　　预防酒醉性胃炎和脱水症，可饮加砂糖或蜂蜜的牛奶，既可促进乙醇分解，又能保护胃黏膜。由于脱水会使盐分丢失，可适量饮些淡盐水或补液盐。而且根据一些经验，饮酒前或餐中服用一片阿司匹林，似乎有一定的解酒作用。这可能是阿司匹林中的水杨酸和乙醇，在肠中结合酯类物质而使乙醇代谢掉的缘故。